摄影师的后期必修课 调色篇

高志丹 杨勇 —— 编著

人民邮电出版社
北京

图书在版编目（CIP）数据

摄影师的后期必修课. 调色篇 / 高志丹，杨勇编著
. -- 北京 : 人民邮电出版社，2024.2
ISBN 978-7-115-62871-8

Ⅰ. ①摄… Ⅱ. ①高… ②杨… Ⅲ. ①图像处理软件
－教材 Ⅳ. ①TP391.413

中国国家版本馆CIP数据核字(2023)第193868号

内 容 提 要

本书旨在教授读者运用 Photoshop 进行图像调色的核心技巧和方法，共 42 章，可以帮助读者了解如何使用不同的工具和技术来调整照片的色彩，提升视觉效果。从初级到高级，各章都深入探讨了不同的调色技法，并提供了示例和详细的步骤，帮助读者理解和运用这些技巧。

通过阅读本书，读者能够充分发挥 Photoshop 在图像处理领域的潜力，提升自己的创作水平。无论是调整色彩平衡，还是制作独特的艺术效果，读者都将从本书中获得实用的知识和即刻可用的技巧。

◆ 编　　著　高志丹　杨　勇
　责任编辑　胡　岩
　责任印制　陈　犇

◆ 人民邮电出版社出版发行　　北京市丰台区成寿寺路 11 号
　邮编　100164　　电子邮件　315@ptpress.com.cn
　网址　https://www.ptpress.com.cn
　北京虎彩文化传播有限公司印刷

◆ 开本：690 × 970　1/16
　印张：15　　　　　2024 年 2 月第 1 版
　字数：261 千字　　2024 年 11 月北京第 2 次印刷

定价：89.90 元

读者服务热线：(010)81055296　印装质量热线：(010)81055316
反盗版热线：(010)81055315
广告经营许可证：京东市监广登字 20170147 号

前言

欢迎进入本书的学习，本书将带领你踏上一段关于图像调色的奇妙之旅。无论你是一位专业的摄影师，还是一位对图像处理充满热情的爱好者，本书都将为你揭示那些将平凡照片变得令人惊艳的秘密。

在这个数字化时代，我们会拍摄大量的照片，但有时候会发现，仅仅依靠相机并不能完全捕捉到我们眼中的真实场景和色彩。这时我们就可以借助强大的 Photoshop 软件对照片进行调色和处理，使其达到预期的效果。

你是否曾经惊叹过那些专业摄影师的作品？他们似乎总是能够捕捉到完美的光线和鲜艳的色彩。本书将揭示其背后的技巧和秘密。我们将深入探讨如何运用色彩平衡、色调均化、颜色分级、阴影高光调整等诸多核心技法来调整和处理图像。

本书将提供给你宝贵的知识和实用的指导。通过学习这些技术，你能够将普通的照片转变为引人注目的艺术品，准确展现出你想要表达的情感和主题。

借助 Photoshop 这个强大的软件，你将能够释放自己的创造力并实现超越自己想象的效果。无论是调整色调、增强对比、去除杂质还是打造特殊效果，本书都将为你提供详细的步骤和实用的技巧。

最后，感谢你选择阅读本书，希望本书能够帮助你成为一位出色的图像处理专家。希望你在调色的旅程中能够获得乐趣和启示，并能将所学运用到你的摄影作品中。

祝愿你在调色之路上越走越顺！

编者

写于 2023 年 6 月

目录

第 1 章　用色阶进行中性灰校色

本章讲解用色阶工具对一张照片的中性灰校色，校色前后的效果对比如图 1-1 和图 1-2 所示。

图 1-1

图 1-2

通过肉眼可以很直观地观察到图 1-1 所示的照片偏黄绿，我们可以应用色阶工具对这张照片的偏色进行校正。在“调整”面板中单击“色阶”按钮，打开色阶“属性”面板，如图 1-3 和图 1-4 所示。

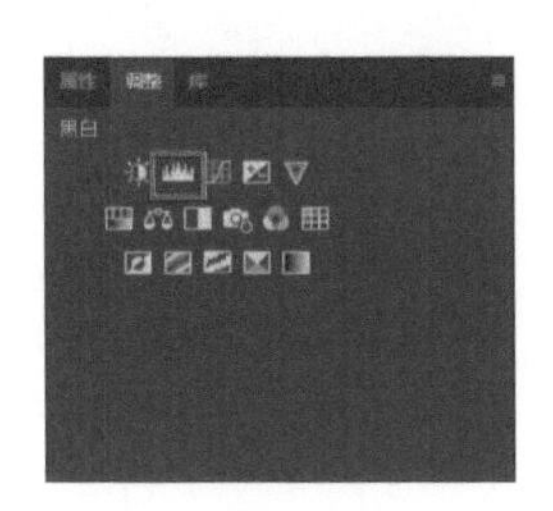

图 1-3

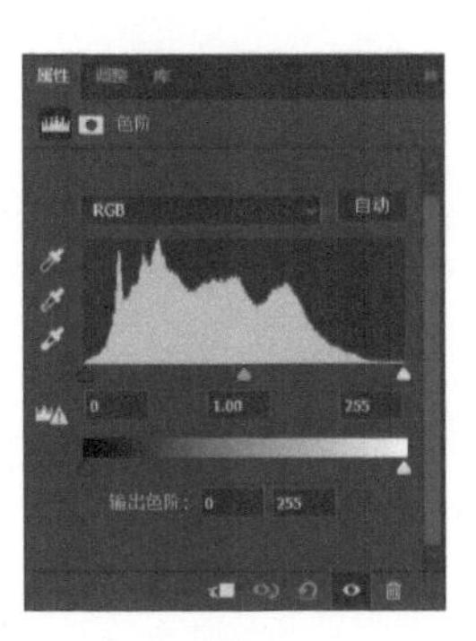

图 1-4

色阶“属性”面板左侧有 3 个吸管，可以用来对照片进行取样，如图 1-5 所示。

单击最上方的吸管，如图 1-6 所示。

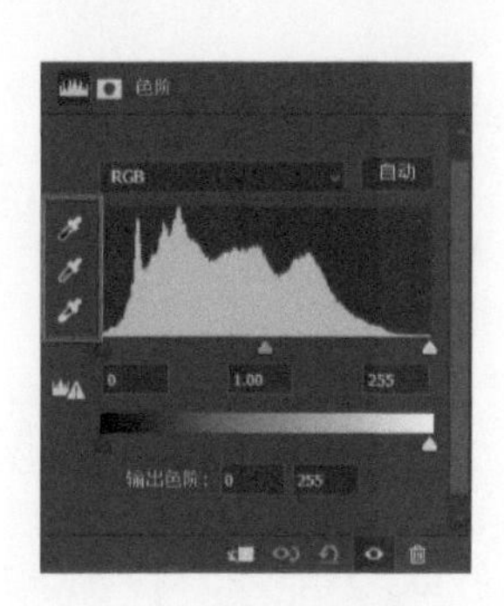

图 1-5

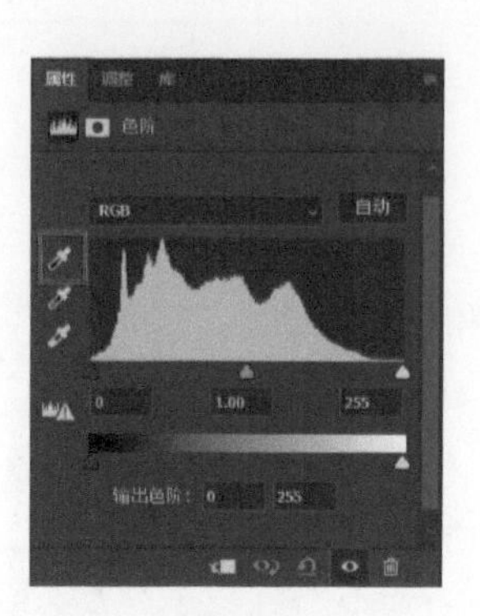

图 1-6

这个吸管用于确定黑场，一般可直接单击照片中最黑的位置，也就是这张照片中最暗的部分，如图 1-7 所示。

图 1-7

最下方的吸管是白色吸管，用于确定白场，单击该吸管，将鼠标指针移动到照片最亮的位置并单击，可以确定照片的白场，如图 1-8 所示。

中间的吸管可以在照片中取样以确定灰场，主要用于校色，实际上就是白平衡调整，相当于告诉 Photoshop 我们单击的位置是中性灰，让 Photoshop 以此为基准来还原照片色彩，如图 1-9 所示。

图 1-8

图 1-9

对于这张照片栏杆的部分，也就是中间灰的位置，我们只要将吸管放在其上并单击，就可以对这张照片的偏色进行调整，如图 1-10 所示。

图 1-10

如果要判断这张照片偏哪种颜色，可以通过“信息”面板来查看。切换到“信息”面板，如图 1-11 所示。

将吸管工具放置在中性灰的位置，观察“信息”面板中 RGB 值的变化，如图 1-12 所示。

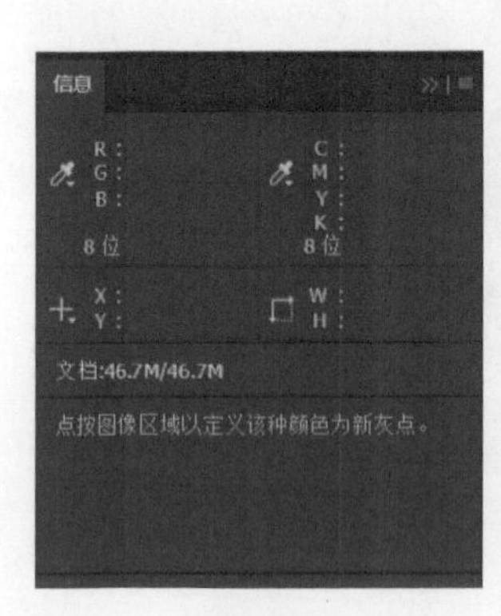

图 1-11

图 1-12

红色部分的数值（R 值）是 157，绿色部分的数值（G 值）是 174，蓝色部分的数值（B 值）是 130，如图 1-13 所示。

通过这些数值可以判断出红色和绿色的数值大于蓝色。那么红色加上绿色是什么颜色呢？观察 RGB 的色彩原理，如图 1-14 所示。

图 1-13

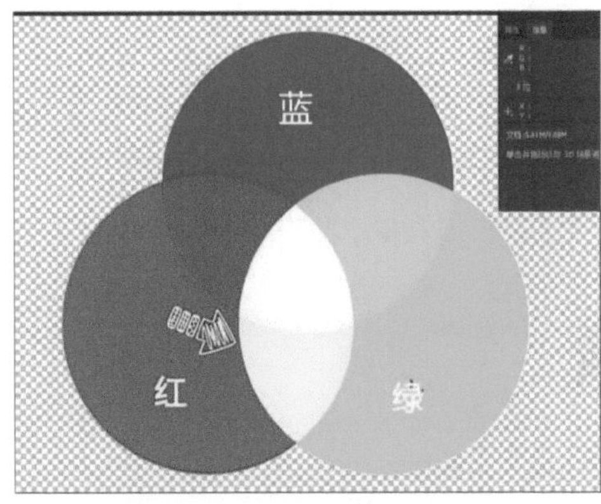

图 1-14

可以看到红色加绿色得到的是黄色，而这张照片红色和绿色数值大于蓝色，绿色数值又大于红色，由此可以判断出这张照片是偏黄绿的。

应用中间灰的吸管工具，如图 1-15 所示，在中间灰的位置单击，就可以对这张照片的色彩进行校正。这时候观察 RGB 值，斜杠前面的是原来的数值，而调整后的数值是 143、144、143，如图 1-16 所示，这 3 个数值是均衡的，色彩得到了还原。

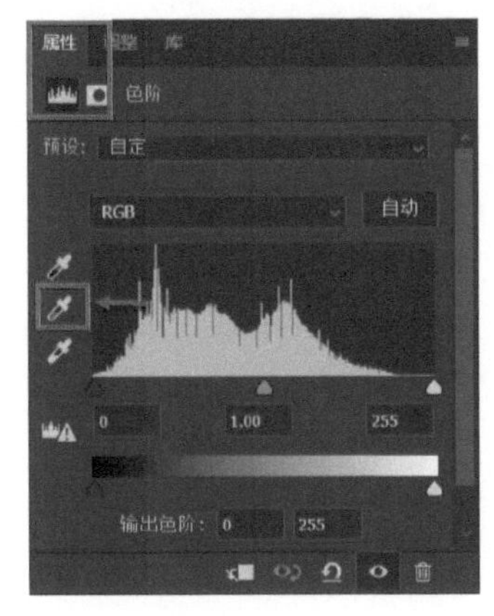

图 1-15

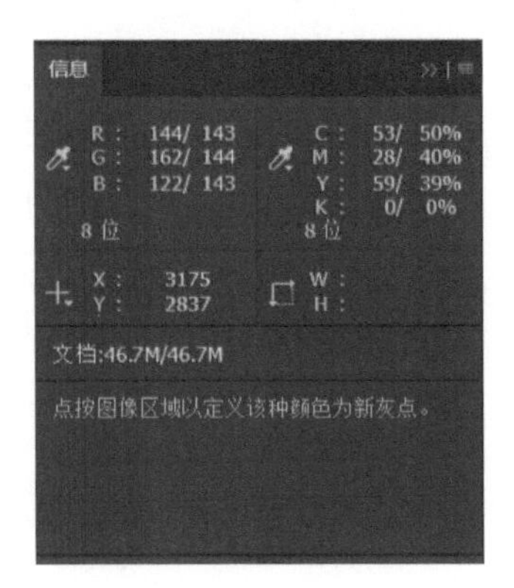

图 1-16

第 2 章　色彩平衡的运用

本章讲解利用色彩平衡工具来找到中间灰的位置，对照片进行调整，调整前后的效果对比如图 2-1 和图 2-2 所示。

图 2-1

图 2-2

色彩平衡工具可以在“调整”面板中找到，如图 2-3 所示。

图 2-3

在“图层”面板单击“创建新的填充或调整图层”按钮，如图 2-4 所示，选择“色彩平衡”命令，如图 2-5 所示，也可打开如图 2-6 所示的色彩平衡“属性”面板。

图 2-4

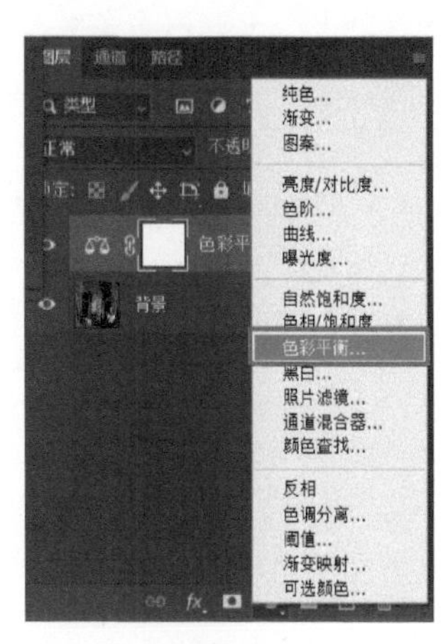

图 2-5

色彩平衡工具最基础的功能就是调整色彩——红色、绿色、蓝色。

红色所对的是青色，绿色所对的是洋红色，蓝色所对的是黄色，如图 2-7 所示。

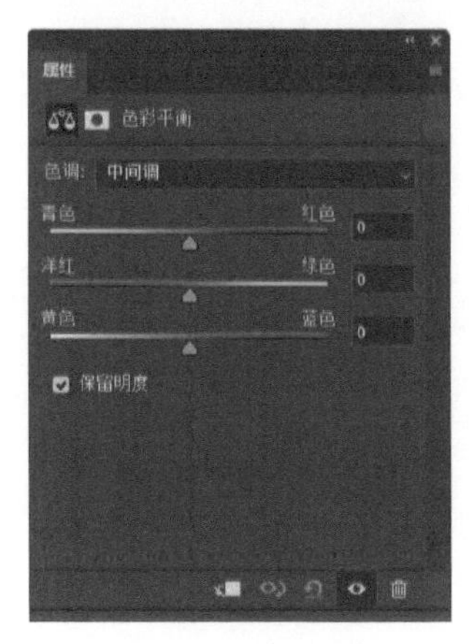

图 2-6

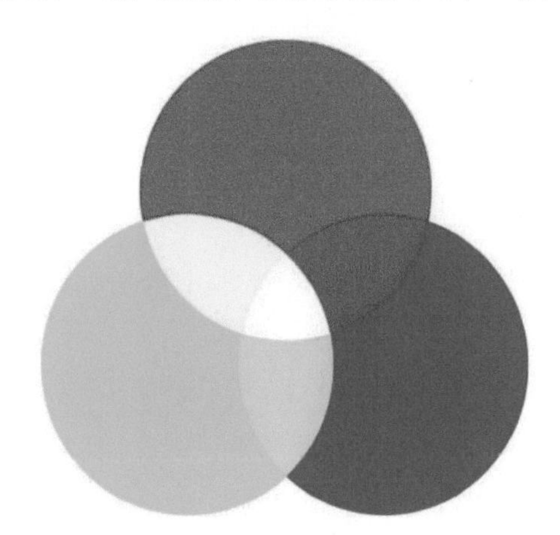
图 2-7

回到图 2-6 所示的色彩平衡“属性”面板，首先要判断图 2-1 所示的照片哪个位置存在偏色，通过肉眼观察可以发现人物面部偏洋红色，如图 2-8 所示。

然后要确定人物面部在这张照片里处于什么色调位置，并在色彩平衡“属性”面板中选择“色调”为“高光”“中间调”或“阴影”，如图 2-9 所示。

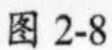

图 2-8

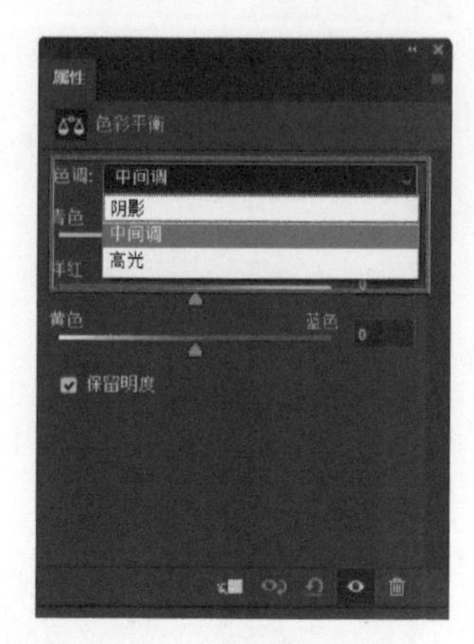

图 2-9

那么如何确定人物面部在照片中处于什么色调位置呢？我们可以将这张照片转成黑白照片来进行判断，单击“创建新的填充或调整图层”按钮，如图 2-10 所示。

选择“黑白”命令，如图 2-11 所示。

图 2-10

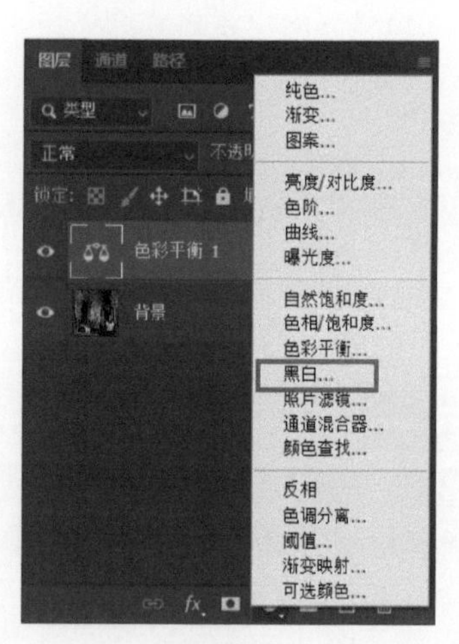

图 2-11

转成黑白照片之后可以发现，人物面部亮度高，可以判断出人物面部属于高光部分，如图 2-12 所示。

还原照片的色彩，在色彩平衡“属性”面板中设置“色调”为“高光”，如图 2-13 所示。

图 2-12

照片人物面部偏洋红色，我们就减小“洋红”的数值，增大“绿色”的数值，然后适当增大一点“黄色”的数值，如图 2-14 所示。

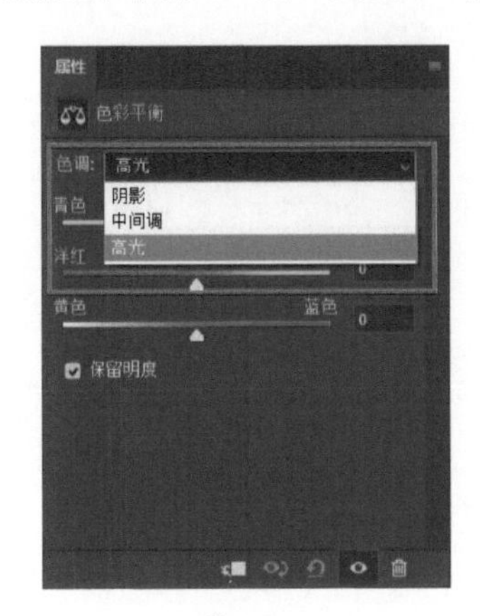

图 2-13

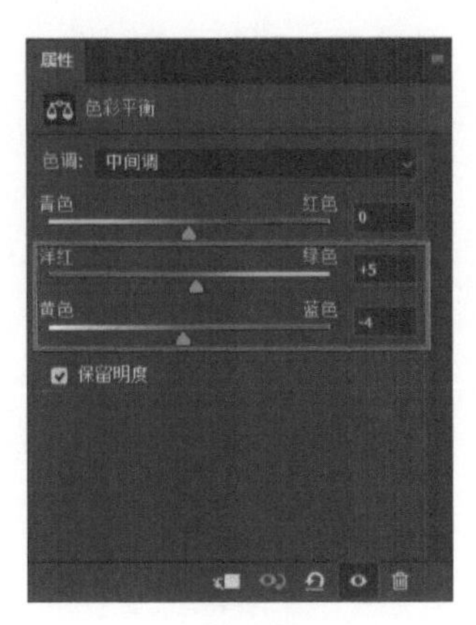

图 2-14

这样就完成了偏洋红色照片的色彩校正。

第3章　匹配颜色与色调均化的运用

本章讲解 Photoshop 色彩调整的核心技法——匹配颜色和色调均化。二者都是处理图像颜色的操作，但是具体实现方式和效果有所不同。

图 3-1

3.1　匹配颜色的运用

首先通过图 3-1 和图 3-2 所示的素材来讲解如何进行颜色匹配，匹配颜色后的效果如图 3-3 所示。

图 3-2

图 3-3

大家在拍照的过程中可能会遇到主体表现得很好但氛围感不够的情况，如图 3-2 所示，电线杆主体很好，但天空氛围感不够。想解决这个问题，就要渲染和匹配天空，需要一张天空氛围感比较好的素材，如图 3-1 所示，让图 3-1 的天空氛围感匹配到图 3-2 上来。实现这一效果要用到“匹配颜色”命令，单击菜单栏的“图像”，选择“调整”—“匹配颜色”命令，如图 3-4 所示，会弹出图 3-5 所示的“匹配颜色”对话框。

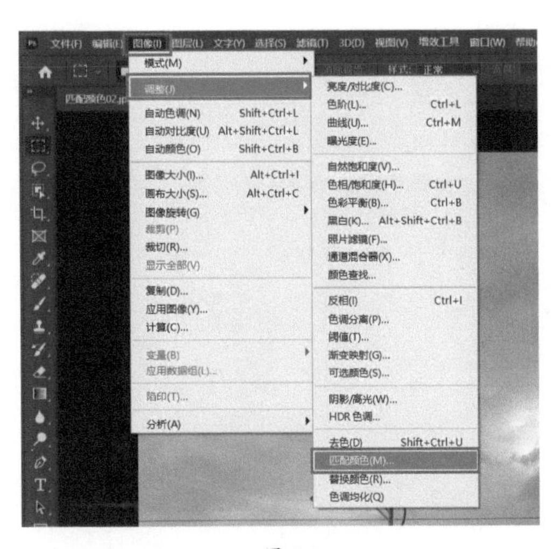

图 3-4

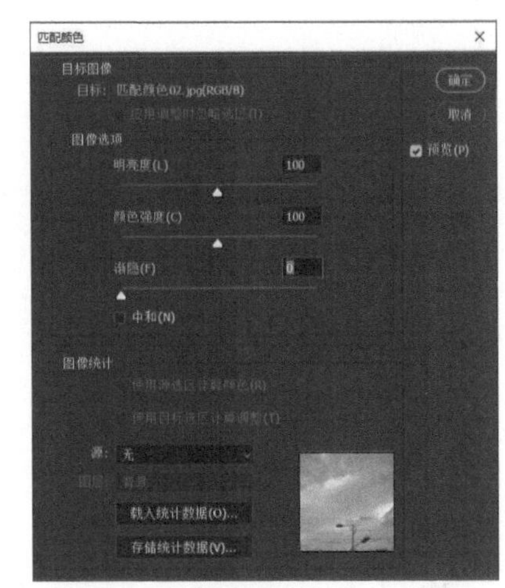

图 3-5

“匹配颜色”对话框中的“目标图像”指的就是主体很好但氛围感不够的照片（图 3-2），如图 3-6 所示。

“图像选项”可以对匹配后的照片的明亮度、颜色强度进行适当的调整，如图 3-7 所示。

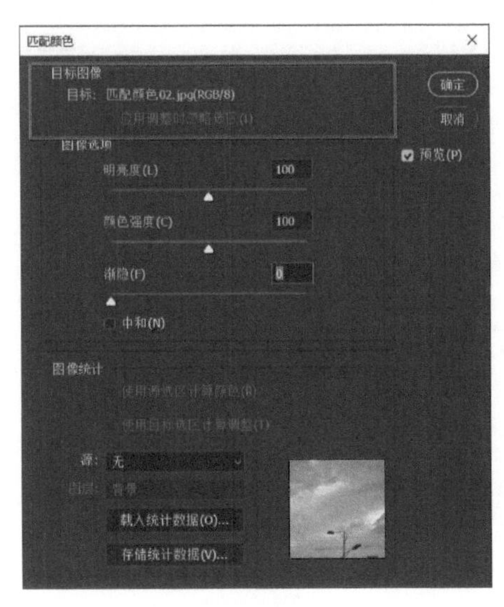

图 3-6

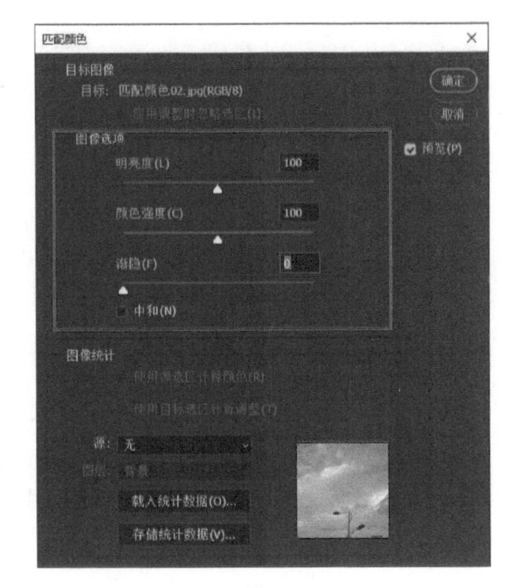

图 3-7

我们有了目标图像后，想要匹配哪张照片的色调，则该照片就是“图像统计”中的“源”，如图 3-8 所示。

例如我们在“匹配颜色”对话框中，单击“源”下拉菜单，如图 3-8 所示，选择名为“匹配色彩 01.jpg”的照片，如图 3-9 所示。

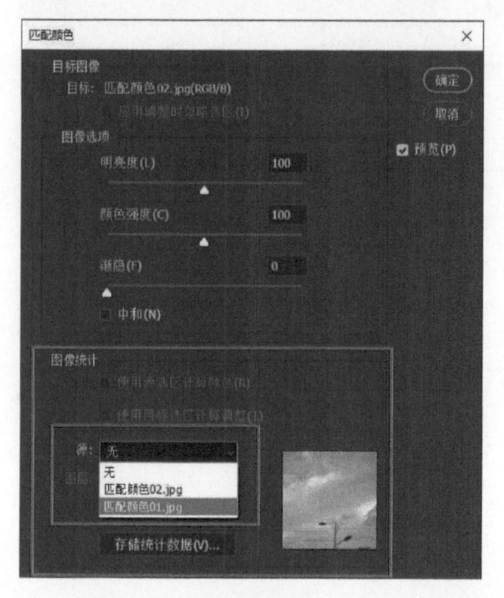

图 3-8

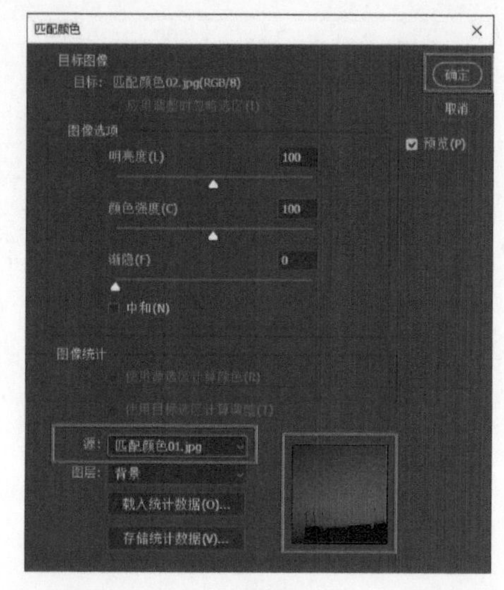

图 3-9

单击“确定”按钮进行颜色匹配，效果如图 3-10 所示。

图 3-10

照片匹配的强弱可以通过“渐隐”滑块进行调整；如果觉得匹配后的照片太亮或者太暗，可以调整“明亮度”滑块；“颜色强度”滑块用于对匹配后的照片细节的饱和度进行调整。此案例的调整如图 3-11 所示，单击“确定”按钮应用调整。

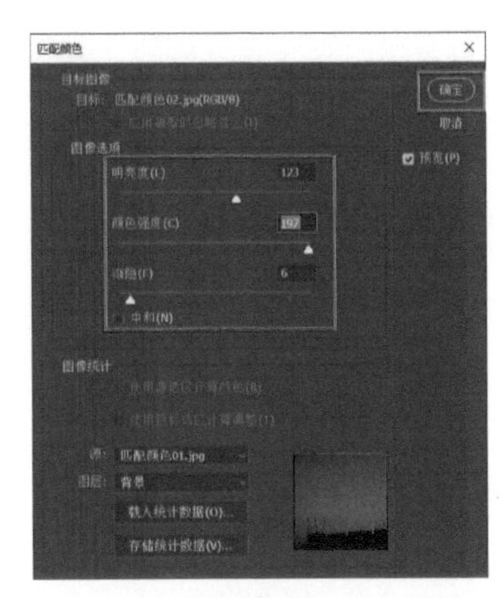

图 3-11

3.2　色调均化的运用

接着对图 3-2 所示的这张照片应用色调均化调整，调整前后的效果如图 3-12 和图 3-13 所示。

图 3-12

图 3-13

单击菜单栏中的“图像”，选择“调整”—“色调均化”命令，如图 3-14 所示，效果如图 3-15 所示。

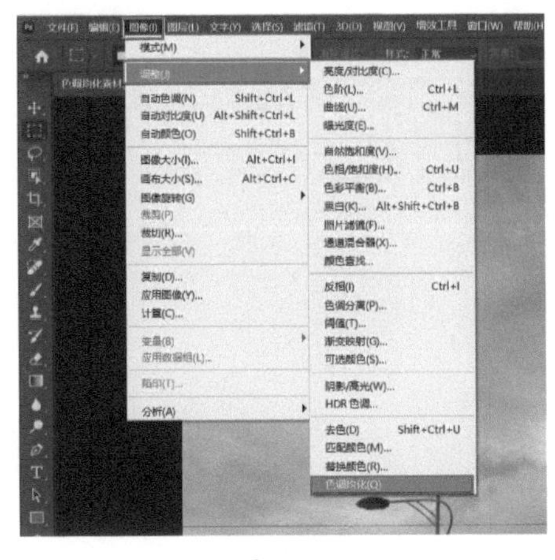

图 3-14

图 3-15

直方图的颜色变化如图 3-16 和图 3-17 所示。

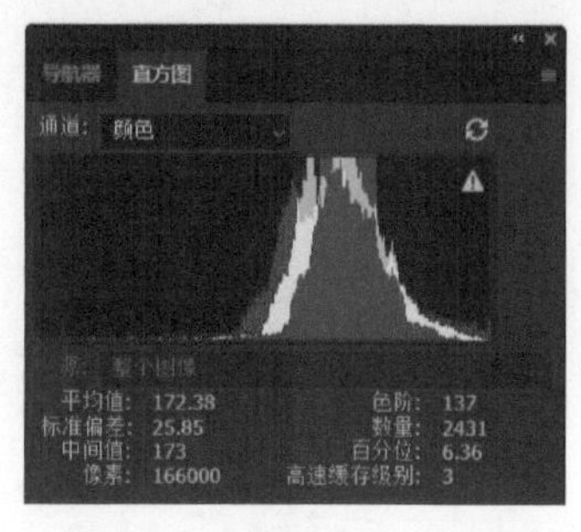

图 3-16

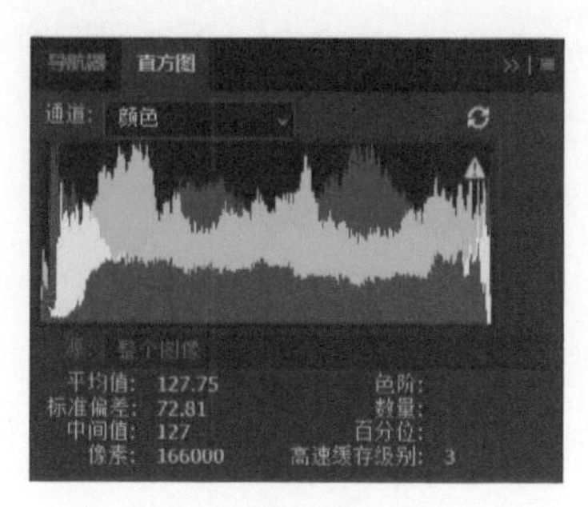

图 3-17

通过直方图的颜色变化可以很直观地看到，执行“色调均化”命令后，所有颜色最暗和最亮的部分进行了调整拉伸。

在执行完“色调均化”命令后，还可以对这张照片的色调均化强度进行调整，单击菜单栏中的“编辑”，找到“渐隐色调均化”命令，如图 3-18 所示。

“渐隐色调均化”命令是临时生成的，平常单击“编辑”只能找到“渐隐”命令，“渐隐色调均化”命令在执行“色调均化”命令后出现。选择“渐隐色调均化”命令，就会出现“渐隐”对话框，在其中可调整“不透明度”来对这张照片的色调均化强度进行调整，如图 3-19 所示。

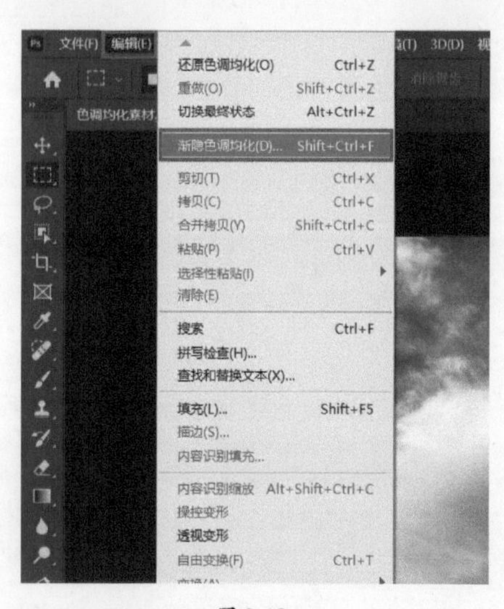

图 3-18

图 3-19

以上就是色调均化的应用示例。

第 4 章　颜色分级的运用

本章讲解 Camera Raw 滤镜中的颜色分级，对素材运用颜色分级调整前后的效果如图 4-1 和图 4-2 所示。先将照片素材导入 Photoshop 中，这张照片的对比度比较大，高光和阴影部分占画面的绝大部分。

图 4-1

图 4-2

4.1　对照片进行拉伸

这张照片里的建筑有点向后倾斜，如图 4-3 所示，如何进行调整呢？

图 4-3

一种方法是单击“背景”图层，按 Ctrl+J 组合键对这张照片进行复制，如图 4-4 所示。

选中复制得到的图层，按 Ctrl+T 组合键调取“拉伸”命令，然后按住 Ctrl 键的同时拖曳鼠标将照片的左下角向左适当拉伸，再松开鼠标和 Ctrl 键，如图 4-5 所示。

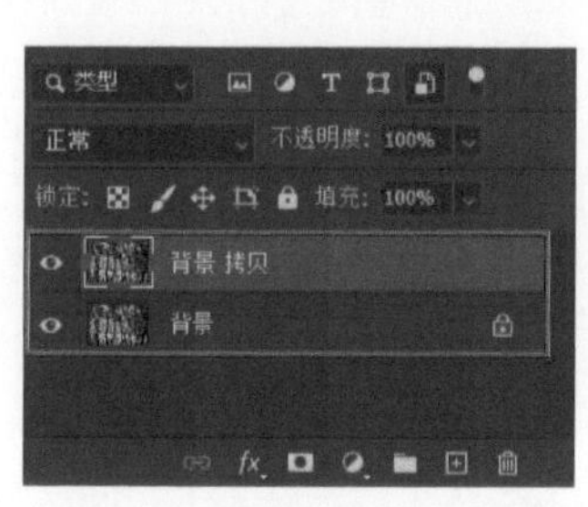

图 4-4

图 4-5

将照片右下角向下适当拉伸，如图 4-6 所示。

将照片右上角向右适当拉伸，效果如图 4-7 所示。

图 4-6

图 4-7

另一种方法是单击菜单栏中的“视图”，选择“标尺”命令，显示标尺，如图 4-8 和图 4-9 所示。

移动鼠标指针到左侧标尺上，然后按住鼠标左键拖曳鼠标到合适的位置后释放鼠标左键，得到一条参考线，如图 4-10 所示。

然后按 Enter 键，这张照片调整后的效果如图 4-11 所示。标尺用完之后可以按 Ctrl+H 组合键隐藏标尺，再次按 Ctrl+H 组合键可以显示标尺。

视图(V)
增效工具
窗口(W)
帮助(H)
校样设置(U)
校样颜色(L) Ctrl+Y
色域警告(W) Shift+Ctrl+Y
像素长宽比(S)
像素长宽比校正(P)
32 位预览选项...
放大(I) Ctrl++
缩小(O) Ctrl+-
按屏幕大小缩放(F) Ctrl+0
按屏幕大小缩放图层(F)
按屏幕大小缩放画板(F)
100% Ctrl+1
200%
打印尺寸(Z)
实际大小
水平翻转(H)
图案预览
屏幕模式(M)
显示额外内容(X) Ctrl+H
显示(H)
标尺(R) Ctrl+R
对齐(N) Shift+Ctrl+;
对齐到(T)
参考线
锁定切片(K)
清除切片(C)

图 4-8

图 4-9

图 4-10

图 4-11

还有一种方法，单击左侧工具栏中的裁剪工具，单击“拉直”，如图 4-12 所示。

把建筑的墙体作为参考线，单击一个角并按住鼠标左键，拖曳鼠标到合适的位置，如图 4-13 所示。

图 4-12

然后松开鼠标，效果如图 4-14 所示。

图 4-13

图 4-14

4.2　利用颜色分级调整色彩

本节讲解如何应用 Camera Raw 中的颜色分级对照片的色彩进行调整。首先对上一节调整好的照片进行图层复制，如图 4-15 所示。

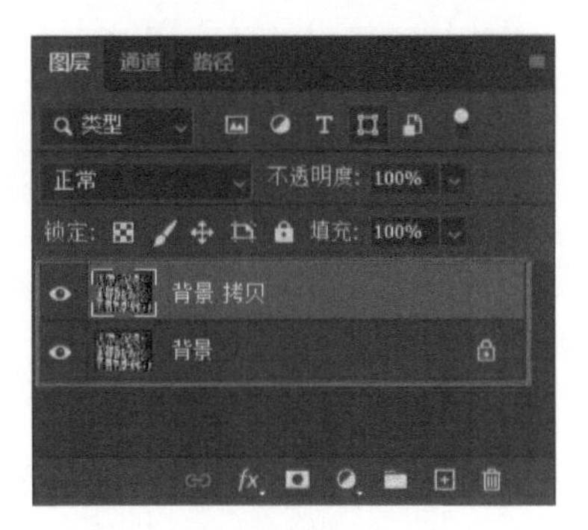

图 4-15

然后在菜单栏中单击“滤镜”，选择“Camera Raw 滤镜”命令，如图 4-16 所示，这时候会出现 Camera Raw 操作界面，如图 4-17 所示。

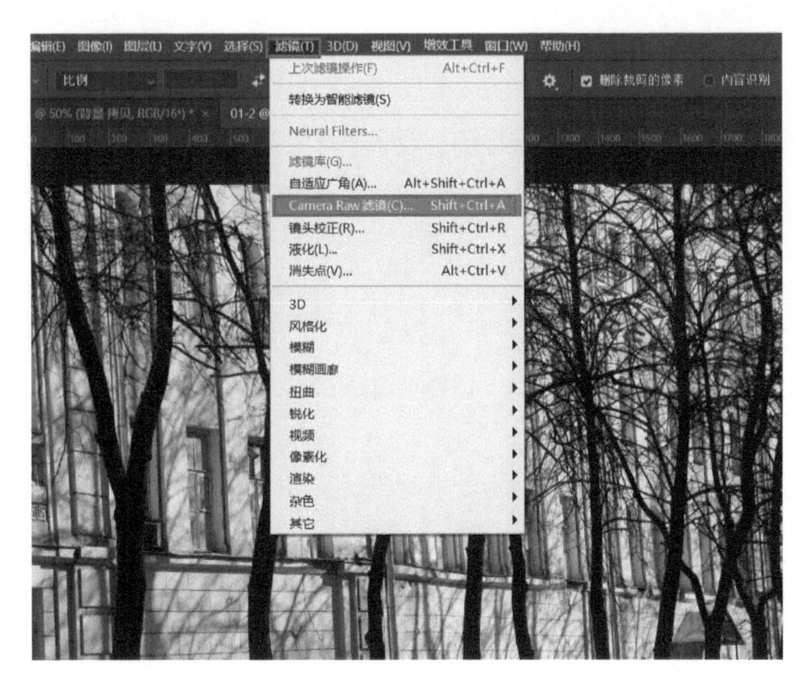

图 4-16

在 Camera Raw 中，展开“颜色分级”面板，可以在其中调整高光和阴影，如图 4-18 所示。

图 4-17

图 4-18

所以对于高光跟阴影占绝大部分的照片，可以在 Camera Raw 中的“颜色分级”面板对色彩进行调整。对于这张照片，想让阳光更暖，可以滑动“高光”部分的“色相”滑块，但滑动后照片没有变化，如图 4-19 所示。

这是因为饱和度没有改变，向右滑动“饱和度”滑块增加饱和度，再调节“色相”滑块，色彩变化就会呈现出来，如图 4-20 所示。

图 4-19

图 4-20

根据画面变化不断调整，将“高光”部分的“色相”滑块滑动到黄色偏红的位置，然后调整“饱和度”，如图 4-21 所示。

图 4-21

单击“基本”面板将其展开，如图 4-22 所示。

图 4-22

在其中可以将这张照片的对比度适当提高，高光适当减弱，曝光稍稍减弱，自然饱和度适当提高，如图 4-23 所示。

图 4-23

这样对这张照片高光部分的色彩进行了调整。但是观察这张照片的高光部分，会发现有泛白的情况，没有附着上暖色调的色彩，如图 4-24 所示，这是因为这张照片是 JPG 格式。

图 4-24

通过这张照片的情况想跟大家说明，在拍照的时候，建议使用 RAW 格式，而不是 JPG 格式。因为 RAW 格式在后期的处理中，宽容度会更高，保存了相机捕捉到的原始图像数据，包括高光和阴影区域的细节，而使用 JPEG 等压缩格式时，图像细节可能会丢失或损坏，导致泛白现象的出现。

第 5 章　阴影 / 高光调整工具的使用

本章讲解如何使用阴影 / 高光调整工具使图像色彩更加均衡，使用该工具调整前后的效果如图 5-1 和图 5-2 所示。

图 5-1

图 5-2

可以观察到这张照片的高光部分严重溢出，如图 5-3 所示。因为这张照片几乎没有阴影部分，高光部分又太亮，所以需要使用阴影 / 高光调整工具来调整这张照片的色彩。

图 5-3

首先按 Ctrl+J 组合键复制图层，如图 5-4 所示。

然后单击菜单栏中的“图像”，选择“调整”—“阴影 / 高光”命令，如图 5-5 所示。

图 5-4　　　　图 5-5

弹出“阴影 / 高光”对话框，对话框中有阴影、高光和调整这 3 个部分，可以用其中的选项来实现这张照片色调的调整，如图 5-6 所示。

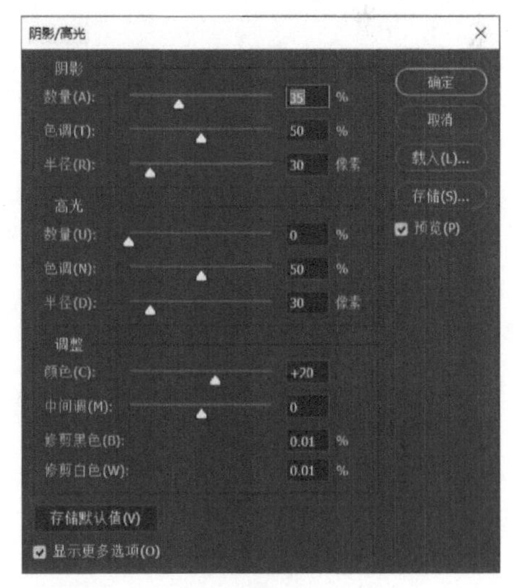

图 5-6

阴影和高光中的“数量”指的是执行的校正强度，“色调”指的是调整的范围，“半径”指的是“数量”和“色调”中的过渡部分。

先对这张照片的高光部分进行适当的调整，具体是调整“数量”“色调”和“半径”的值，如图 5-7 所示。

阴影部分也可以做适当的调整，如图 5-8 所示。

图 5-7

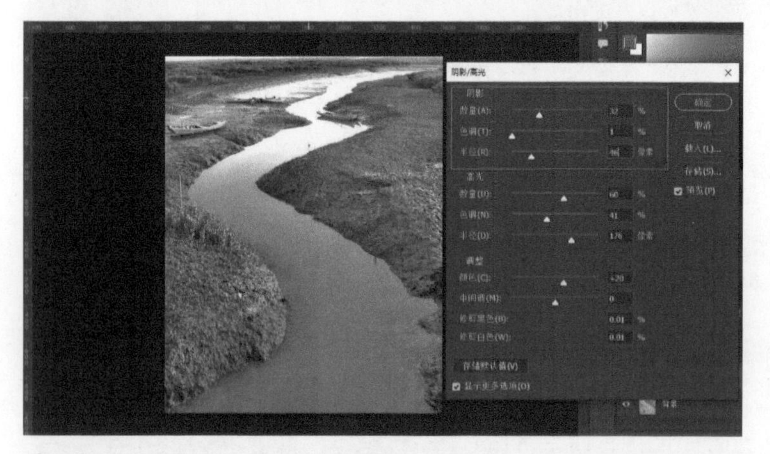

图 5-8

如果要对这张照片提高饱和度或降低饱和度，可以在调整部分适当增大或减小“颜色”的值，“中间调”指的是对比度的强弱，具体设置如图 5-9 所示。

图 5-9

第 6 章　对照片进行单色的着色处理

本章讲解如何对一张照片进行单色的着色，着色前后的效果如图 6-1 和图 6-2 所示。

图 6-1

图 6-2

6.1　调整饱和度

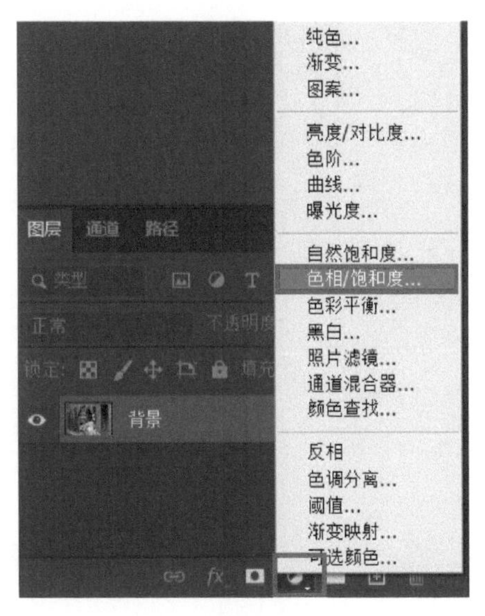

图 6-3

可以看到图 6-1 中人物面部的色彩饱和度比较高，所以要对这张照片的饱和度进行适当的调整。首先创建一个色相 / 饱和度蒙版图层，单击“图层”面板底部的“创建新的填充或调整图层”按钮，选择“色相 / 饱和度”命令，打开“色相 / 饱和度”面板，并且“图层”面板中创建了一个蒙版图层，如图 6-3 和图 6-4 所示。

将照片整体的饱和度适当降低，如图 6-5 所示。

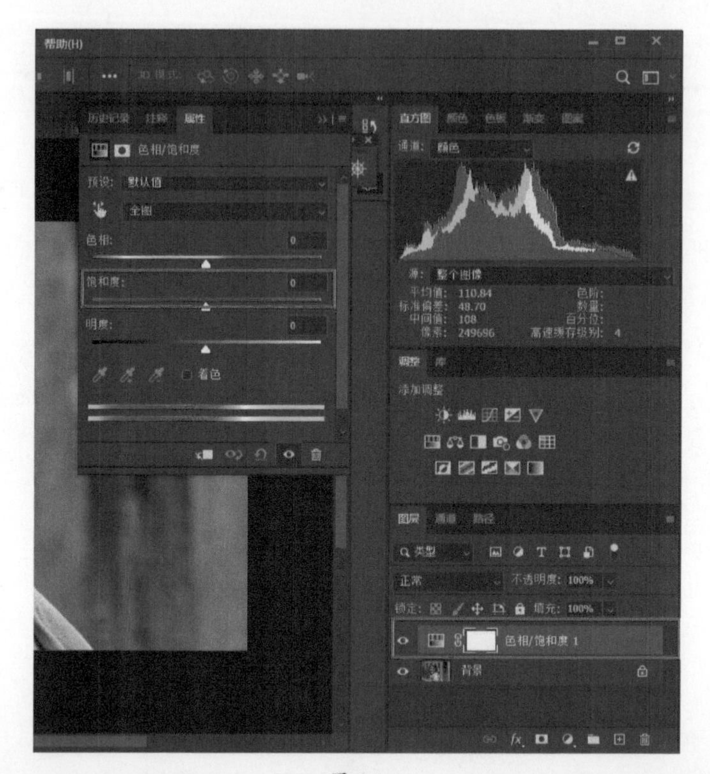
帮助(H)
3D 模式:
历史记录 注释 属性
色相/饱和度
预设: 默认值
全图
色相: 0
饱和度: 0
明度: 0
着色
直方图 颜色 色板 渐变 图案
通道: 颜色
源: 整个图像
平均值: 110.84
标准偏差: 48.70
中间值: 108
像素: 249696
色阶:
数量:
百分位:
高速缓存级别: 4
调整 库
添加调整
图层 通道 路径
类型
正常
不透明度: 100%
锁定:
填充: 100%
色相/饱和度 1
背景

图 6-4

历史记录 注释 属性
色相/饱和度
预设: 自定
全图
色相: 0
饱和度: -50
明度: 0
着色

图 6-5

同时对衣服颜色的饱和度进行调整，将颜色通道选择为“蓝色”，即衣服的颜色，如图 6-6 所示。

然后将“饱和度”适当降低，并且通过降低“明度”让衣服的质感更加细腻，如图 6-7 所示。

还可以适当降低柱子部分青色的饱和度和明度。将颜色通道换成“青色”，调整“饱和度”和“明度”，如图 6-8 所示。

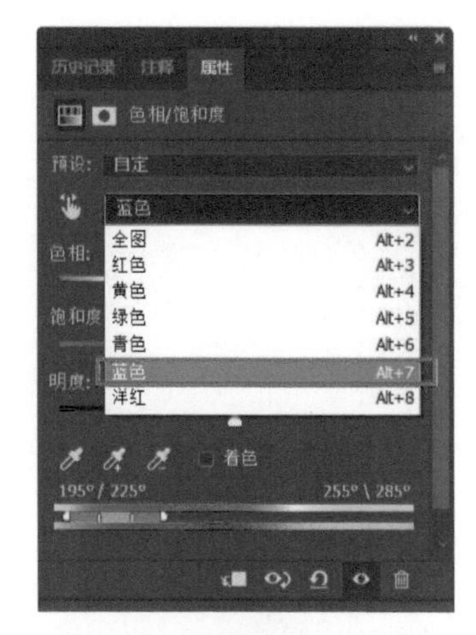

图 6-6

图 6-7

图 6-8

因为左下角的红色部分的颜色跟肤色比较接近，故先不做处理。将绿色的饱和度和明度也适当降低，如图 6-9 所示。

图 6-9

6.2 着色的应用

上一节完成了对照片整体饱和度的调整，接下来再创建一个色相 / 饱和度蒙版图层。单击“图层”面板底部的“创建新的填充或调整图层”按钮，选择“色相 / 饱和度”命令，如图 6-10 所示。

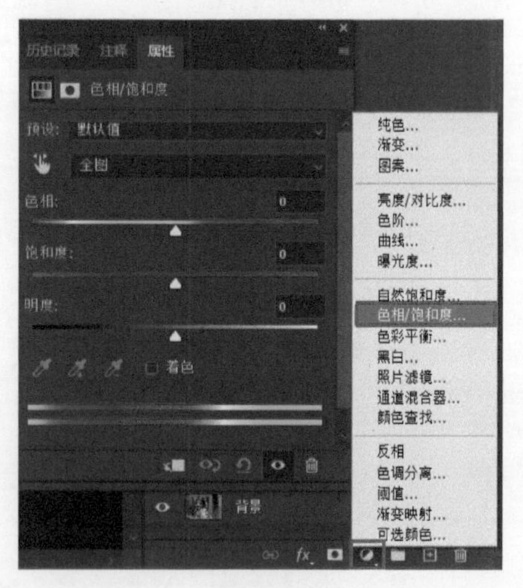

图 6-10

对于着色，在“色相 / 饱和度”面板中有预设的默认值：“进一步增加饱和度”的效果如图 6-11 所示；“增加饱和度”的效果如图 6-12 所示；“深褐”如图 6-13 所示；“强饱和度”的效果如图 6-14 所示。

图 6-11

图 6-12

图 6-13

图 6-14

要想进行单一色彩的着色，就要将“预设”选择为“自定”，然后勾选“着色”，如图 6-15 所示。

接下来对色相进行调整，达到对整张照片进行着色的目的。观察图 6-16，可以发现背景色是偏灰褐色的。

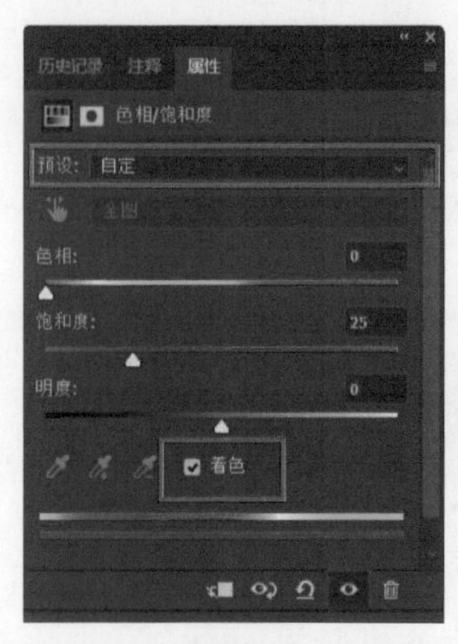

图 6-15

图 6-16

所以调整“色相”滑块，给这张照片填充一个偏黄褐色的背景，如图 6-17 所示。

通过减小“不透明度”和“填充”的值将底部图层的色彩部分呈现出来，如图 6-18 所示。

图 6-17

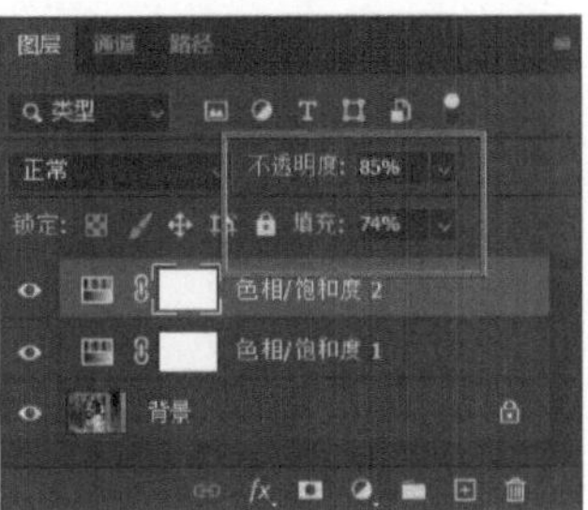

图 6-18

接下来对照片左下方和右下方的颜色进行适当的处理，可以按之前讲的方法再创建一个色相 / 饱和度蒙版图层，并降低整体的饱和度，如图 6-19 所示。

图 6-19

然后单击这个图层的蒙版，弹出蒙版“属性”面板，在蒙版“属性”面板中单击“反相”按钮，如图 6-20 所示。

在左边工具栏中将前景色改为白色。单击左边工具栏中的渐变工具，选择“径向渐变”，将“不透明度”设置为 30%，然后在照片饱和度较高的部分按住鼠标左键并拖曳，进行适当擦拭，如图 6-21 所示。

图 6-20

图 6-21

接下来突出人物主体。先创建一个曲线蒙版图层，单击“图层”面板底部的“创建新的填充或调整图层”按钮，选择“曲线”命令，在曲线“属性”面板中调整曲线将照片适当压暗，如图 6-22 所示。

图 6-22

将前景色改为黑色，选择渐变工具，选择“径向渐变”，对人物面部进行擦拭，如图 6-23 所示。

图 6-23

四周保留暗角就可以突出人物主体，如图 6-24 所示。

图 6-24

对于太亮的部分，可以按 X 键来切换前景色为白色，将太亮的部分适当擦暗，如图 6-25 所示。

图 6-25

对于局部的白色发结，可以利用左侧工具栏中的快速选择工具将其选中，如图 6-26 所示。

图 6-26

建立一个曲线蒙版图层，将白色发结适当压暗，如图 6-27 所示。

图 6-27

用快速选择工具将人物的眼睛部分选中，同样创建一个曲线蒙版图层，适当提亮眼睛部分，如图 6-28 所示。注意，不能过度提亮，否则会失真。

图 6-28

调整完细节后看一下整体，可以观察到人物面部肤色的饱和度降低过多，这时候就要回到第一个降低整体饱和度的图层，双击它，弹出色相 / 饱和度“属性”面板，如图 6-29 和图 6-30 所示。

将饱和度适当提高，如图 6-31 所示。

这样就完成了对这张照片的着色。

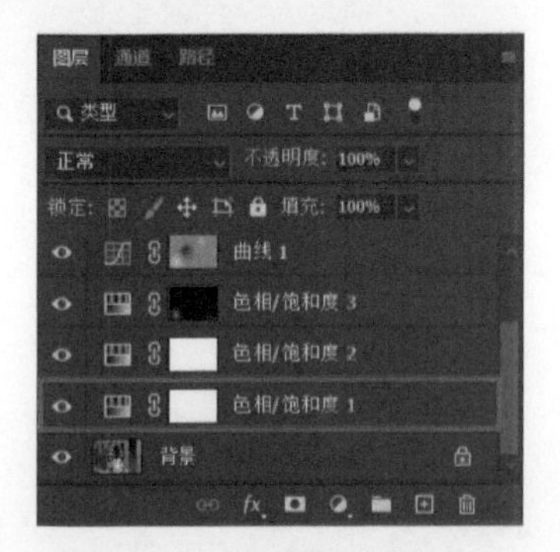

图 6-29

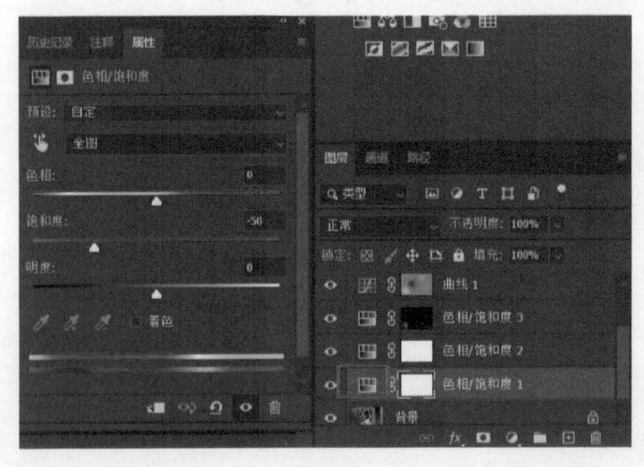

图 6-30

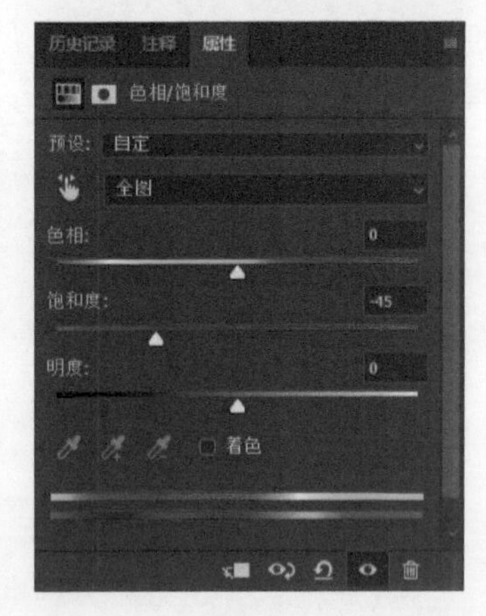

图 6-31

第 7 章　利用曲线打造暖色调

本章讲解如何应用曲线工具的 RGB 通道来打造照片的暖色调，调整前后的效果如图 7-1 和图 7-2 所示。

图 7-1

图 7-2

创建一个曲线蒙版图层。单击“图层”面板底部的“创建新的填充或调整图层”按钮，选择“曲线”命令，弹出曲线“属性”面板，如图 7-3 所示。

曲线“属性”面板中的 RGB 控制红、绿、蓝 3 个通道的曲线，如图 7-4 所示。

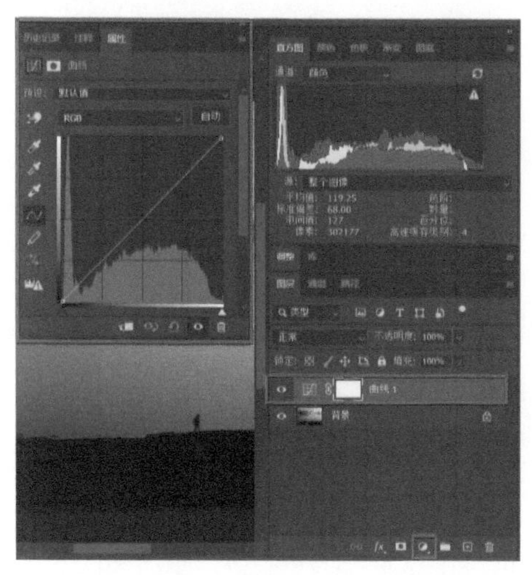

图 7-3

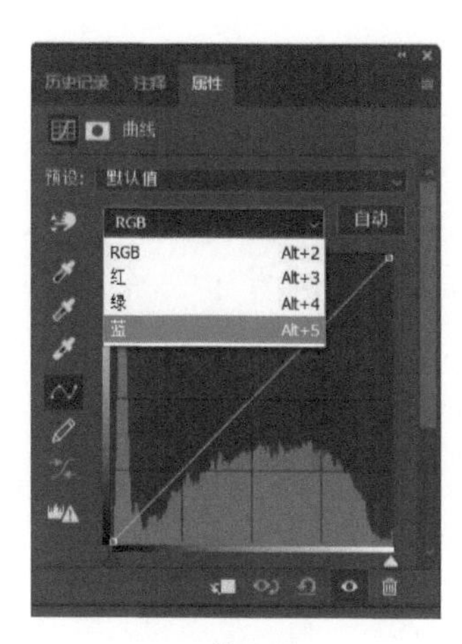

图 7-4

红、绿、蓝 3 个通道分别对应的是色光三原色中的红色、绿色、蓝色，红色的互补色是青色，蓝色的互补色是黄色，绿色的互补色是洋红色，如图 7-5 所示。

图 7-5

选择曲线中的“红”色通道，将曲线向上提，如图 7-6 所示。

将曲线向下压的时候，增加的是红色的互补色，也就是青色，如图 7-7 所示。

图 7-6

图 7-7

若选择“蓝”色通道，将曲线向上提时，画面整体增加蓝色；将曲线向下压时，则增加黄色，如图 7-8 和图 7-9 所示。

图 7-8

图 7-9

将图 7-10 中阳光照射到的部分打造成暖色调，这张照片的氛围会更好。阳光照射到的这个部分又是画面的高光部分，所以先选择“蓝”通道，如图 7-10 所示。

图 7-10

将曲线往下压，减少高光部分的蓝色，如图 7-11 所示。

图 7-11

为高光部分适当增加红色，阴影部分不需要红色，故选择“红”通道并将曲线做如图 7-12 所示的调整。

图 7-12

然后将绿色作为协调色，这样这张照片的高光部分就基本上打造成了暖色调，如图 7-13 所示。

图 7-13

最后对画面的通透度进行调整。选择“RGB”，调整白色曲线，将曲线大致调整成“S”形来提高对比度，如图 7-14 所示。

图 7-14

如果觉得效果还不够好，可以继续对“红”“绿”“蓝”3 个通道进行调整，直至得到想要的暖色调效果。

第 8 章　纯色图层与正片叠底的运用

本章讲解如何运用纯色图层做色片，然后运用正片叠底实现对照片色彩的把控，调整前后的效果如图 8-1 和图 8-2 所示。

图 8-1

图 8-2

首先在 Photoshop 中打开素材，如图 8-3 所示，可以很明显地观察到亮部偏洋红色，暗部偏蓝色。

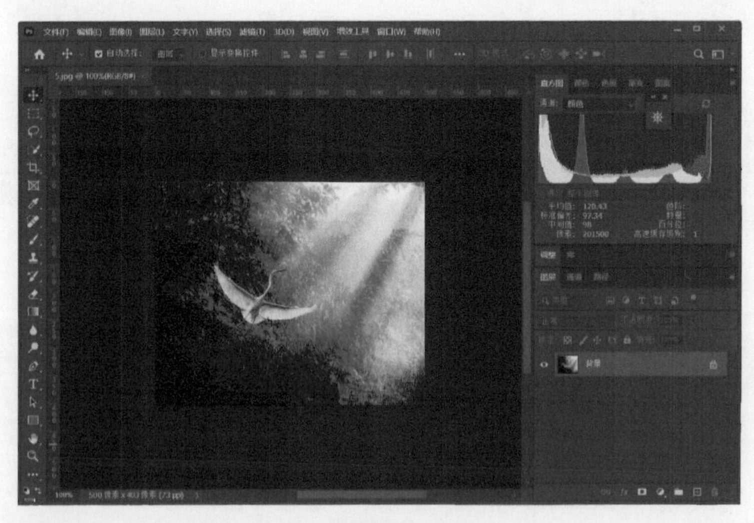

图 8-3

对于这种有严重偏色的照片，要对色彩进行适当的调整，下面就讲解运用纯色图层的色片解决照片的严重偏色问题。首先处理高光部分，单击“图层”面板底部的“创建新的填充或调整图层”按钮，选择“纯色”命令，如图 8-4 所示。

弹出“拾色器（纯色）”对话框，选择偏暖的颜色，如图 8-5 所示。

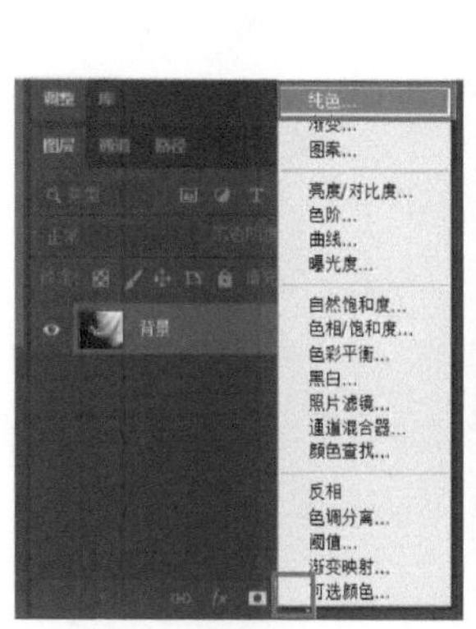

图 8-4

图 8-5

在选取颜色的时候，要选取明度稍亮的黄色，而不要选择明度暗的黄色，如图 8-6 所示，然后单击“确定”按钮。

在“图层”面板中将纯色蒙版图层的混合模式改为“正片叠底”，如图 8-7 所示。

图 8-6

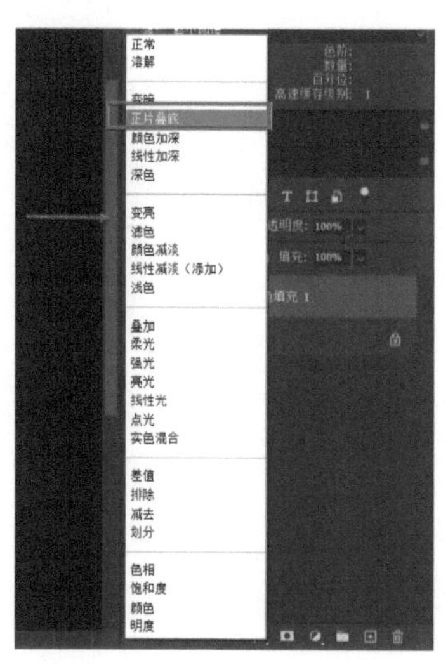

图 8-7

这时候黄色就被附着在亮部，如图 8-8 所示。

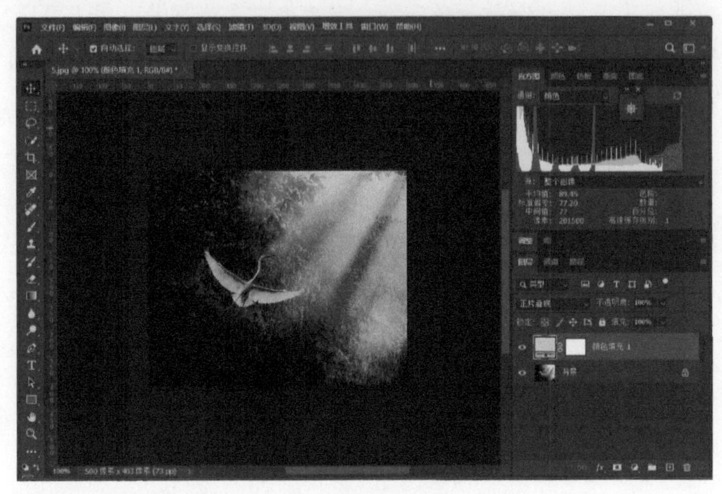

图 8-8

这样高光部分的色调就从洋红色变为了暖色调的阳光颜色，接下来处理这张照片的暗部，这里要运用第 2 章讲解的色彩平衡。创建一个色彩平衡蒙版图层，即单击“图层”面板底部的“创建新的填充或调整图层”按钮，选择“色彩平衡”命令，弹出色彩平衡“属性”面板，如图 8-9 所示。

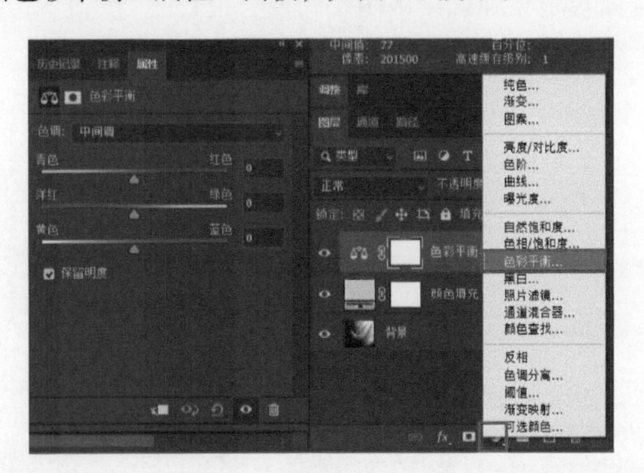

图 8-9

因为要处理暗部，所以“色调”选择“阴影”，先适当增加黄色，适当增加青色，再适当减少洋红色，如图 8-10 所示。

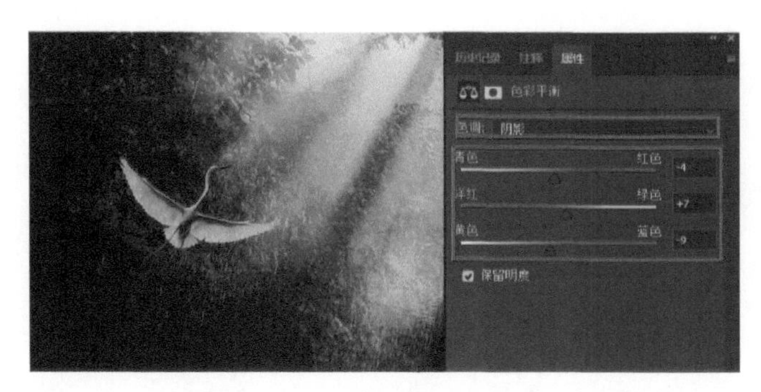

图 8-10

这样就完成了对暗部的调整。继续观察这张照片，发现还不是特别通透，所以再创建一个曲线蒙版图层，对曲线进行“S”形调整，如图 8-11 所示。

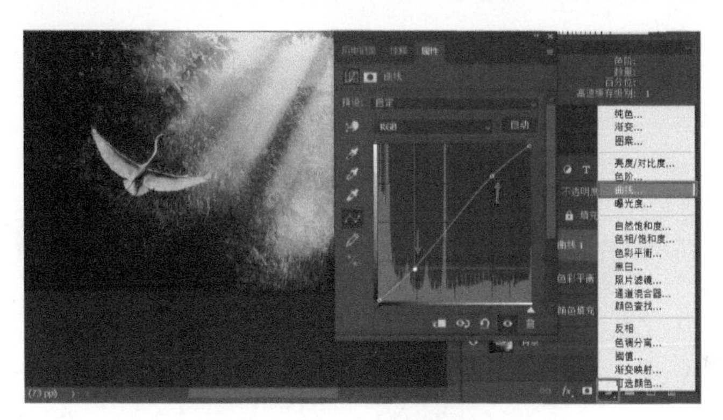

图 8-11

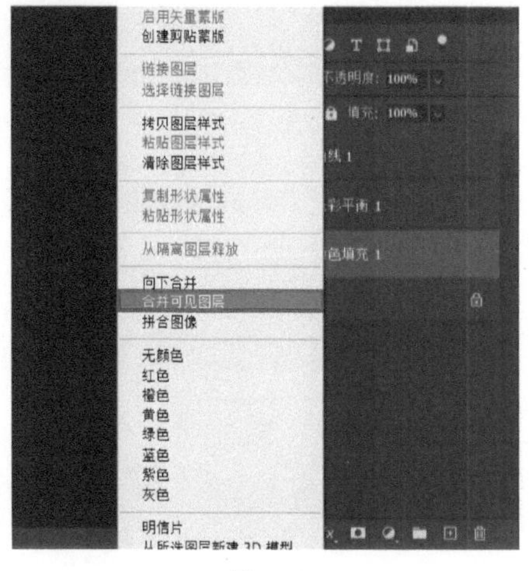

图 8-12

提高通透度之后，还可以继续对这张照片的细节进行完善。先右击任一图层，选择“合并可见图层”命令，将这张照片的所有图层进行合并，如图 8-12 所示。

按 Ctrl+J 组合键复制图层，然后处理偏蓝位置的颜色，如图 8-13 所示。

单击“创建新图层”按钮，创建一个空白图层，如图 8-14 所示。

图 8-13

图 8-14

在左边工具栏中单击画笔工具，利用｝键和｛键可控制画笔的大小，如图 8-15 所示。

画笔颜色应该接近暗部的颜色，可以通过吸管工具选取前景色，如图 8-16 所示。

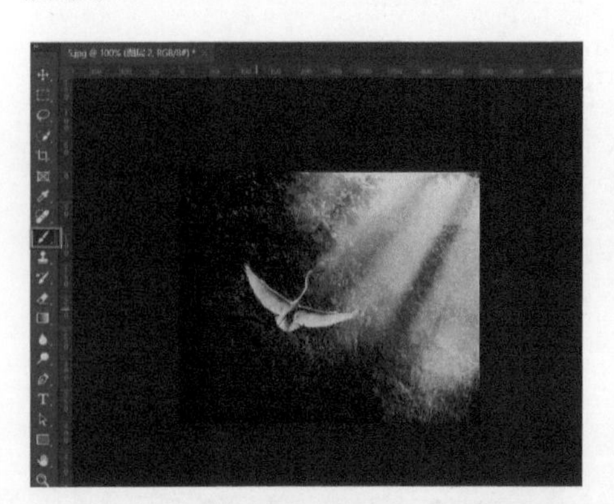

图 8-15

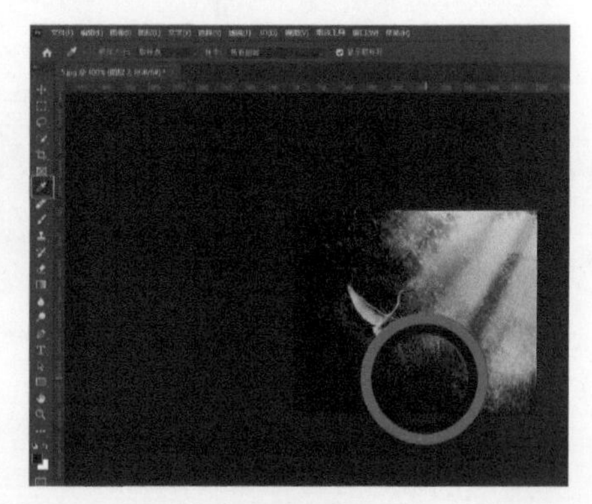

图 8-16

然后将画笔工具的混合模式改为“颜色”，如图 8-17 所示。

图 8-17

如果颜色太重可以减小“流量”的值，设为 13%，并设置“不透明度”为 18%、“平滑”为 17%，重新对蓝偏洋红的地方进行涂抹，如图 8-18 所示。

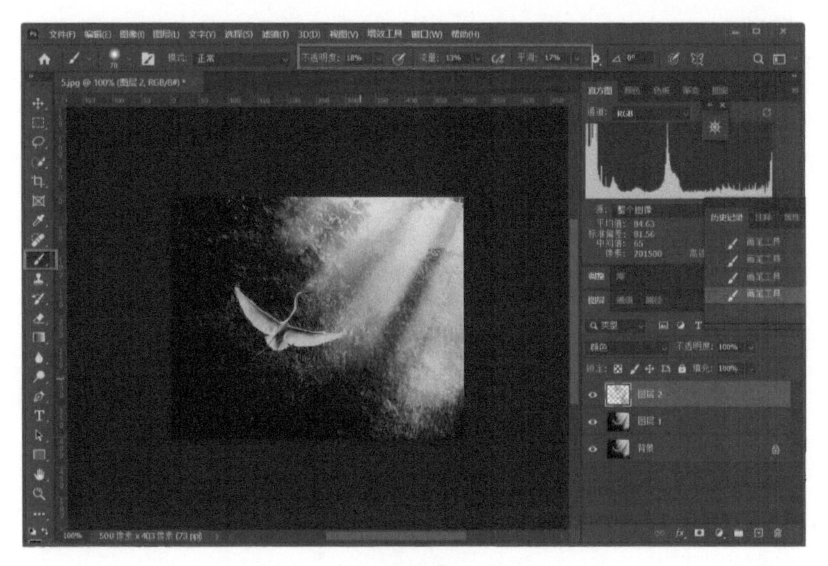

图 8-18

观察调整前后的效果，可以很直观地看到蓝色部分的色调有所改变，如图 8-19 和图 8-20 所示。

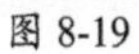

图 8-19

图 8-20

右击任一图层，选择“合并可见图层”命令，将所有图层进行合并，再按Ctrl+J组合键对图层进行复制，如图8-21所示。

图 8-21

接下来处理照片右上角的杂色，单击左侧工具栏中的套索工具，用套索工具将右上角的杂色部分进行选取，如图8-22所示。

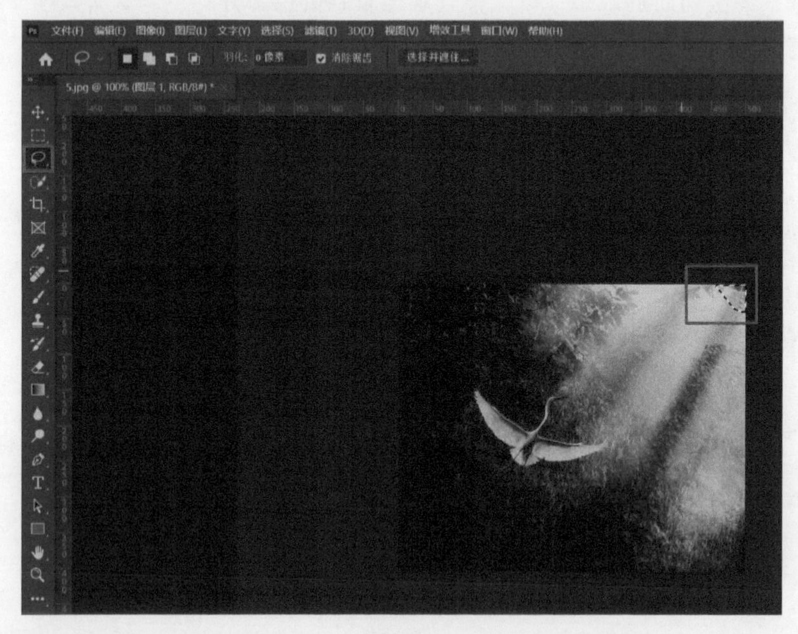

图 8-22

选取后在该区域右击，选择“内容识别填充”命令，如图 8-23 所示，弹出“内容识别填充”面板，单击“确定”按钮，右上角的杂色部分就完成了填充，至此也完成了整张照片的调整，如图 8-24 所示。

图 8-23

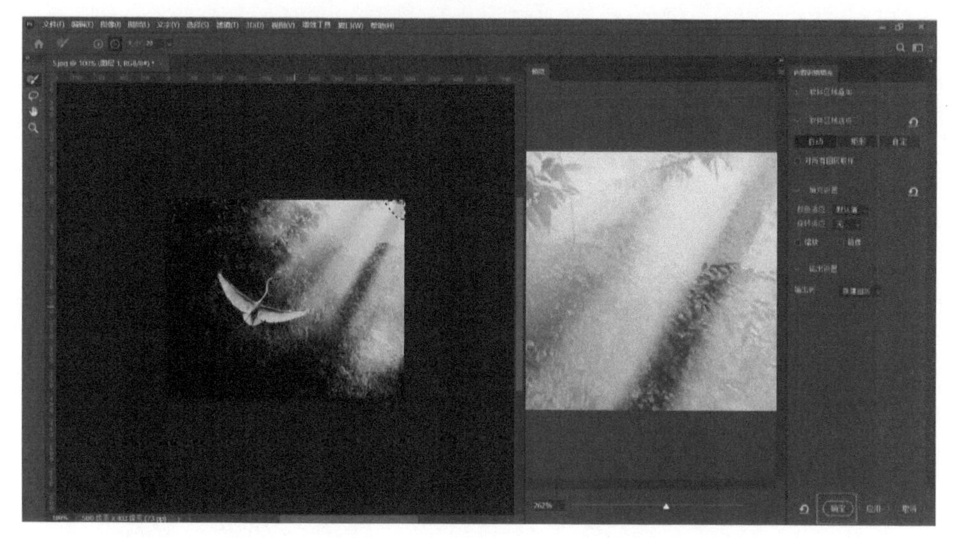

图 8-24

第 9 章　照片滤镜的使用技巧

本章讲解照片滤镜的使用技巧，照片调整前后的效果如图 9-1 和图 9-2 所示。

图 9-1

图 9-2

9.1　制作冷色调照片

运用照片滤镜配合通道做选区，将图 9-1 所示照片的天空部分打造成冷色调，通过调整 RGB 曲线增强对比度。按 Ctrl+J 组合键复制图层，如图 9-3 所示。

切换至“通道”面板，可以看到“RGB”“红”“绿”“蓝”3 个通道，如图 9-4 所示。

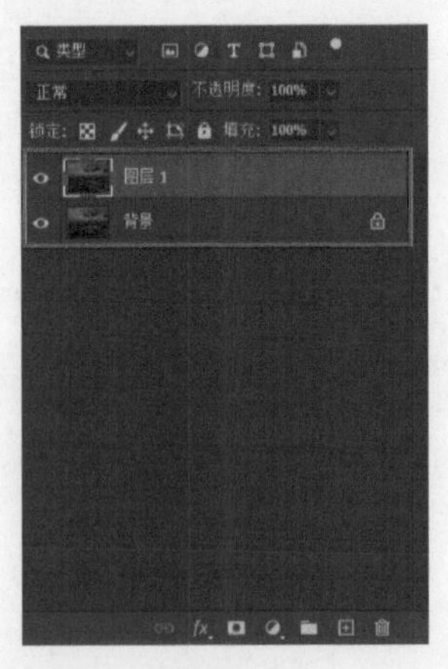

图 9-3

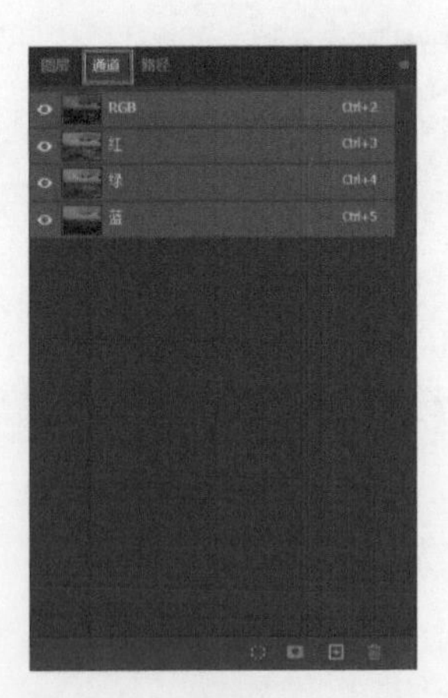

图 9-4

在观察“红”“绿”“蓝”3 个通道不同的效果后，发现“红”通道是最亮的，说明红色在天空部分最多。通过“红”通道创建选区有两种方式。第一种方式是单击“红”通道，然后将“红”通道往下拖动到虚线圆圈的位置，如图 9-5 所示。

松开鼠标左键，画面中就会出现相应的选区，如图 9-6 所示。

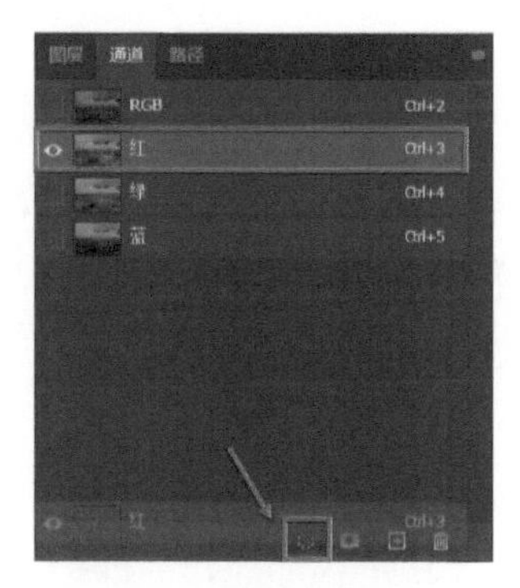

图 9-5

图 9-6

第二种方式是按住 Ctrl 键，鼠标指针的旁边会出现一个正方形的虚线框，然后单击“红”通道，画面上也会出现选区，如图 9-7 所示。

图 9-7

创建好选区之后单击“RGB”通道，然后切换至“图层”面板，如图 9-8 所示。

创建一个照片滤镜蒙版图层，即单击“创建新的填充或调整图层”按钮，选择“照片滤镜”命令。在“属性”面板中选择偏洋红的冷却滤镜 80（Cooling Filter <80>），对密度做适当的调整，增加“密度”值，这张照片比较通透，所以勾选“保留明度”复选框，如图 9-9 所示。

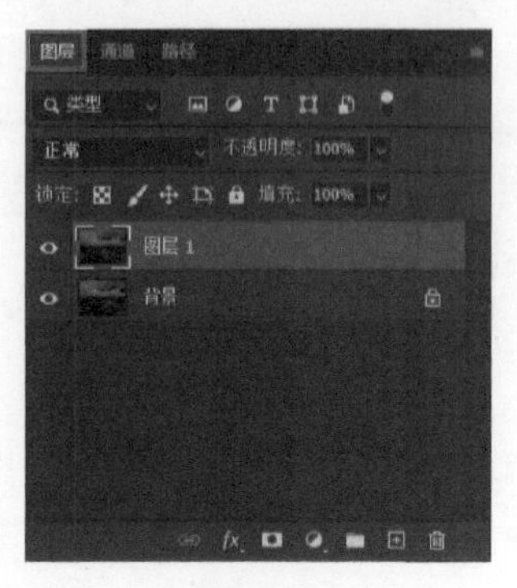

图 9-8

按住 Ctrl 键的同时单击照片滤镜蒙版图层，可以看到红色选区也出现在田野部分，如图 9-10 所示。

图 9-9

图 9-10

田野不需要附着上冷色调，将黑色作为前景色，在选中蒙版图层的基础上，用画笔工具在田野部分进行适当的擦拭，就可以取消田野部分附着蓝色，如图 9-11 所示。

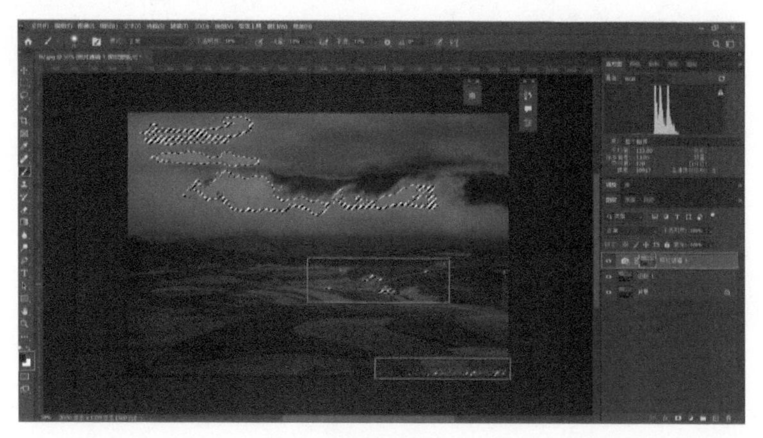

图 9-11

按 Ctrl+D 组合键将通过“红”通道创建的选区取消，如图 9-12 所示。

图 9-12

9.2　调整 RGB 曲线使照片通透

接下来在取消选区的基础上创建一个曲线蒙版图层，通过调整 RGB 曲线对这张照片的对比度进行适当的调整，使这张照片更加通透，如图 9-13 所示。

图 9-13

这样就将这张照片的色彩氛围渲染完毕了，将图层合并，如图 9-14 所示。

按 Ctrl+J 组合键复制图层，云彩中的污点可以用污点修复画笔工具消除，单击左侧工具栏中的污点修复画笔工具，单击画面中有污点的地方，如图 9-15 所示。

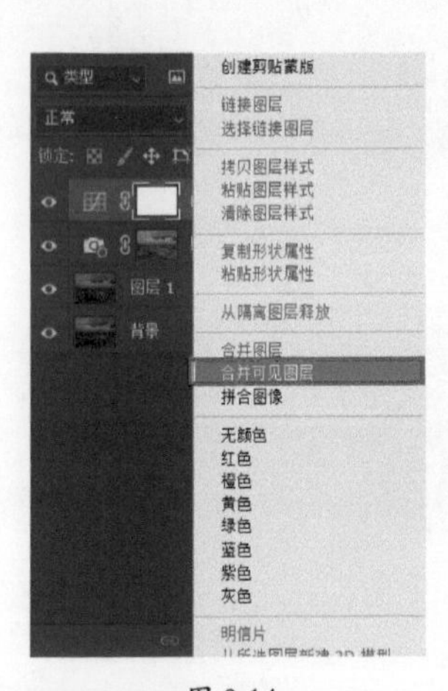

图 9-14

图 9-15

至此就完成了对照片的调整。

第 10 章　运用可选颜色打造落日效果

本章讲解利用可选颜色工具在照片的天空部分渲染出落日效果，照片调整前后的效果对比如图 10-1 和图 10-2 所示。

图 10-1

图 10-2

创建一个可选颜色蒙版图层，弹出可选颜色“属性”面板，如图 10-3 所示。

可以观察到这个面板跟曲线“属性”面板不一样，这里呈现的是印刷的试色模式，也就是 CMYK，C 是青色，M 是洋红色，Y 是黄色，K 是黑色，减少青色就是增加红色，减少洋红色就是增加绿色，减少黄色就是增加蓝色，如图 10-4 所示。

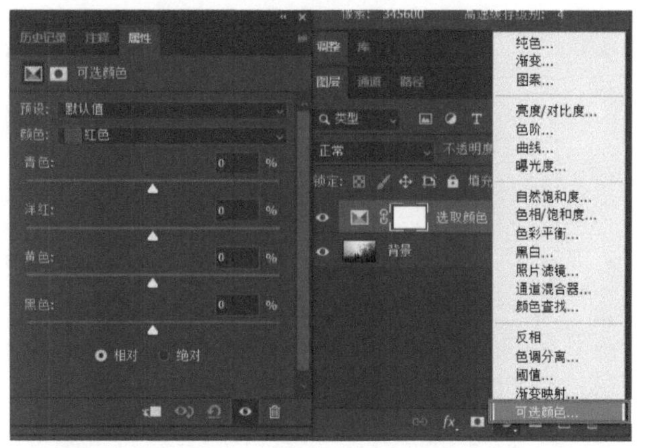

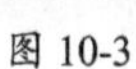

图 10-3

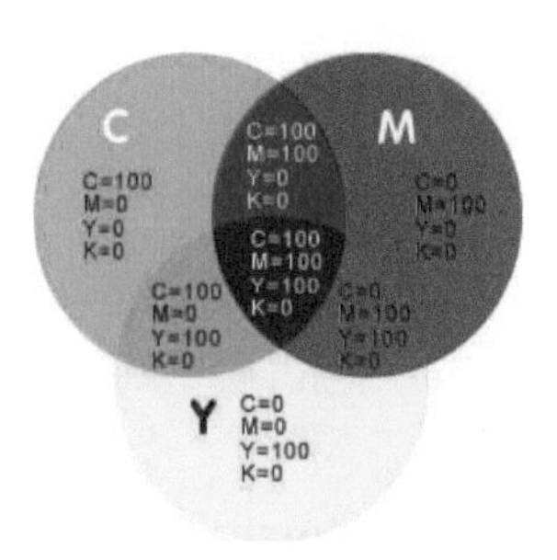

图 10-4

对这张照片要调整的颜色区域做选择，天空是泛白的，可以先选择白色区域，如图 10-5 所示。

图 10-5

做选区后对选区的颜色进行调整，先减少青色以增加一些红色，增加洋红色和黄色作为天空的颜色，使天空呈现出暖色调的霞光颜色，适当增加黑色，如图 10-6 所示。

图 10-6

接下来创建一个曲线蒙版图层，通过调整 RGB 曲线对这张照片的对比度进行适当的提高，使照片更加通透，如图 10-7 所示。

图 10-7

如果饱和度还不够高，有两种方法可以提高这张照片的饱和度。第一种方法是回到“选取颜色 1”图层，然后将混合模式改为“正片叠底”，这时候天空的对比度就会被提高，如图 10-8 所示。

图 10-8

第二种方法是创建一个自然饱和度蒙版图层，对“自然饱和度”的值进行适当的调整，如图 10-9 所示。

图 10-9

回到曲线蒙版图层对这张照片的影调部分做适当的调整，如图 10-10 所示。

图 10-10

至此，就在这张照片的天空部分成功打造出了落日效果。

第 11 章　自然饱和度与色彩平衡的巧妙结合

处理照片的时候经常会使用饱和度和自然饱和度来使照片的颜色更加艳丽，使照片在视觉上更具冲击感，照片调整前后的效果对比如图 11-1 和图 11-2 所示。

图 11-1

图 11-2

饱和度也就是鲜艳度，提高饱和度，可以从肉眼看出照片中所有颜色的鲜艳度都提高了，如图 11-3 所示。

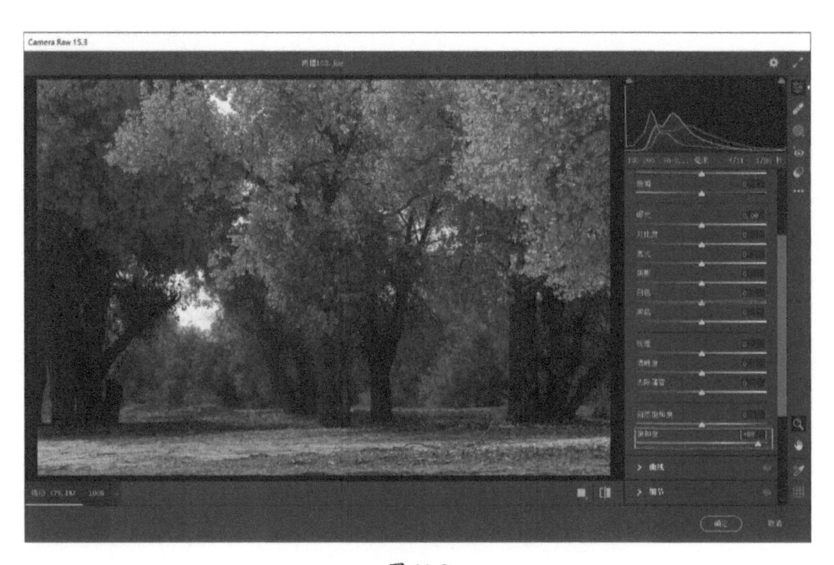

图 11-3

将“饱和度”滑块拖动到最左端对这张照片的所有颜色去色，如图 11-4 所示。

图 11-4

在提高自然饱和度的时候可以发现，“自然饱和度”滑块是比较智能的，它会对照片原先比较鲜艳的地方提高较少的饱和度，而不够鲜艳的地方就提高得较多，如图 11-5 所示。

图 11-5

将“自然饱和度”滑块往左拖动，画面中鲜艳度比较高的颜色，没有被完全去除，而鲜艳度不是很高的颜色则被去除了，如图 11-6 所示。

图 11-6

通过对比可以观察到，向右拖动“饱和度”滑块的时候，在颜色较暗的区域，鲜艳度是提升的，而在颜色鲜艳的区域，鲜艳度也在提升；向右拖动“自然饱和度”滑块时，对颜色较淡的区域，鲜艳度是大幅提升的，而对颜色鲜艳的区域，鲜艳度是小幅提升的。向左拖动“饱和度”滑块时，色彩较淡的区域鲜艳度是全无的，色彩的鲜艳的区域色彩也是全无；向左拖动“自然饱和度”滑块时，对于色彩较淡的区域，鲜艳度是大幅降低的，而对于色彩鲜艳的区域，它的鲜艳度是小幅降低的。所以说相比之下，自然饱和度更加智能。

接下来对图 11-7 所示照片进行色彩调整。可以观察到，该照片的整个画面比较灰，对比度较低。

图 11-7

首先创建一个曲线蒙版图层，通过调整 RGB 曲线来对这张照片的中间调进行调整，使这张照片更加通透，如图 11-8 所示。

图 11-8

可以观察到这张照片的暗部偏暖色调，高光部分偏黄色，所以整体都是偏暖色调的。运用之前讲过的色彩平衡工具选择这张照片的阴影部分，然后增加一些青色，如图 11-9 所示。

图 11-9

高光部分适当加一点蓝色，如图 11-10 所示。

同时在中间调部分增加一点绿色，如图 11-11 所示。

再回到阴影部分适当加一点绿色，通过对比可以发现这张照片从原来的偏暖色调调整到了较合适的色调，如图 11-12 所示。

图 11-10

图 11-11

图 11-12

图 11-13

接下来创建一个自然饱和度蒙版图层，适当提升“饱和度”，大幅提升“自然饱和度”，如图 11-13 所示。

图 11-14

至此，这张照片基本调整完毕。如果想效果更细腻，可以对地面进行调整，用快速选择工具选择地面，然后创建一个曲线蒙版图层，将地面颜色适当压暗，如图 11-14 所示。

图 11-15

然后在蒙版“属性”面板中，对选区进行适当的羽化，如图 11-15 所示。

第 12 章　利用动感模糊打造暖色调

本章讲解如何利用动感模糊将照片渲染成暖色调，照片调整前后的效果对比如图 12-1 和图 12-2 所示。

图 12-1

图 12-2

12.1　打造暖色调

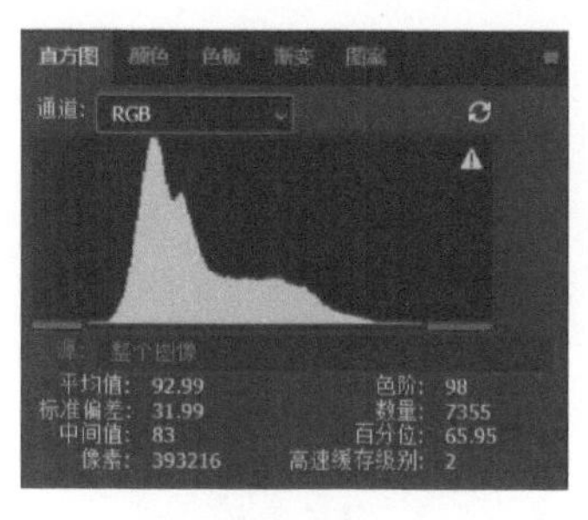

图 12-3

这张照片场景氛围很好，但画面不够通透。想解决这个问题，可以从影调及色调两个部分着手。先对这张照片的影调部分进行适当的调整，从直方图可以观察到，左边的暗部和右边的高光部分直方图没有分布到，如图 12-3 所示。

所以先创建一个曲线蒙版图层，然后针对高光部分将曲线拉到如图 12-4 所示的位置。

同理暗部也往直方图中间靠，这样简单调整后，直方图就更加丰富了，影调也比刚才更通透，如图 12-5 所示。

接下来调整 RGB 曲线来对中间调部分进行调整，将高光部分适当提亮，将暗部适当压暗，进一步强调对比，使照片更加清晰，如图 12-6 所示。

图 12-4

图 12-5

图 12-6

至此，影调部分调整结束。接下来通过 RGB 的 3 个颜色通道将这张照片的高光部分，也就是逆光的部分渲染成暖色调。首先选择“蓝”通道，将“蓝”通道的高光部分往下调，也就是在高光部分增加黄色，如图 12-7 所示。

图 12-7

接下来选择“红”通道，在中间调的高光部分适当增加红色，如图 12-8 所示。

图 12-8

增加红色的同时会发现阴影部分也被增加了红色，要解决这个问题就要让曲线回到 45° 斜线的位置，这时候阴影部分的红色就没有了，如图 12-9 所示。

这样就将这张照片的影调部分以及高光部分渲染成了暖色调。

图 12-9

12.2 动感模糊的应用

右击任一图层，选择“合并可见图层”命令，继续渲染这张照片。想让高光部分通过动感模糊功能更具动感，先将图层复制，然后单击菜单栏中的“滤镜”，选择“模糊”—“动感模糊”命令，如图 12-10 所示。

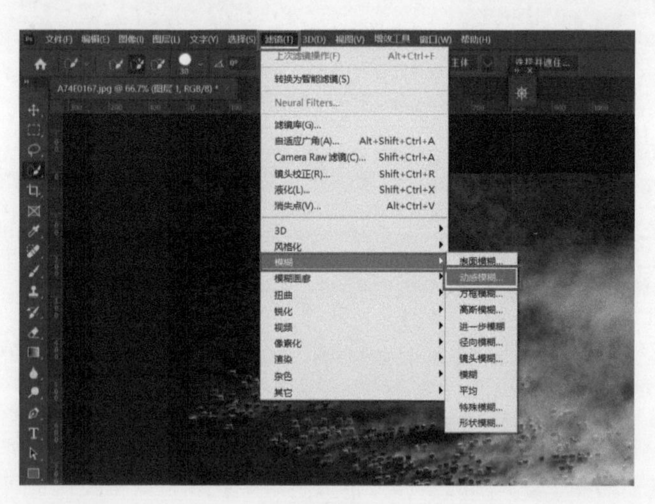

图 12-10

可以观察到这个命令是对整个画面进行模糊，如图 12-11 所示。

图 12-11

因为只是想对高光部分进行动感模糊，所以我们应该选择高光部分。切换至“通道”面板，可以判断出红色是高光部分，按住 Ctrl 键，单击“红”通道，就会出现选区，如图 12-12 所示。

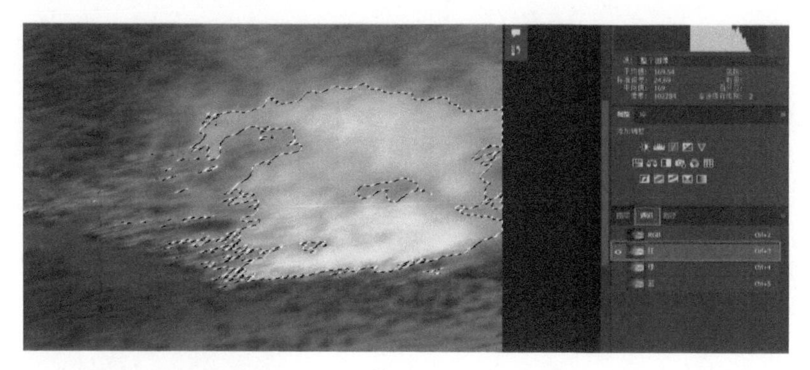

图 12-12

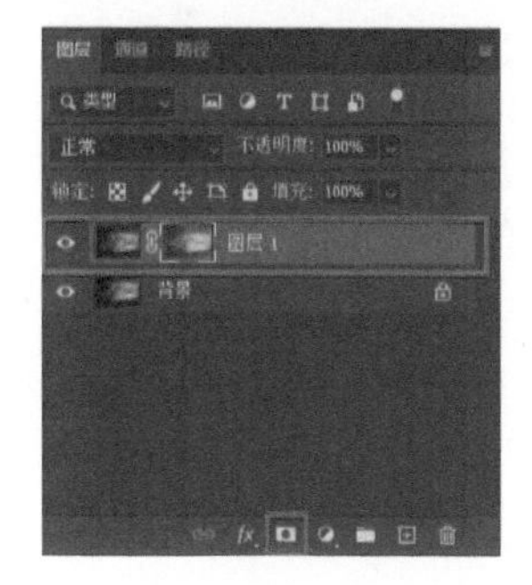

图 12-13

在“图层”面板中，选择“图层 1”，然后单击添加图层蒙版按钮，如图 12-13 所示。

在菜单栏选择“滤镜”—“模糊”—“动感模糊”命令，如图 12-14 所示。

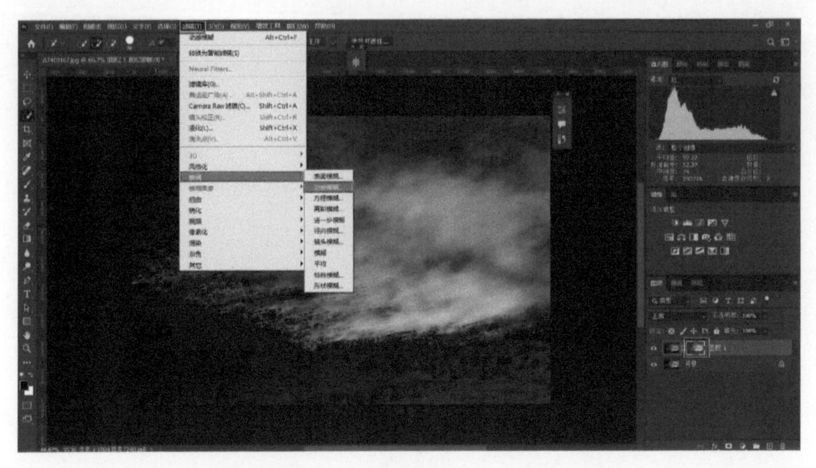

图 12-14

这时候可以观察到动感模糊的区域是所选择的高光区域，在“动感模糊”对话框中设置“角度”为羊群奔跑的角度，“距离”为 110 像素左右，然后单击“确定”按钮，如图 12-15 所示。

图 12-15

如果觉得动感效果不太自然，可以单击图层蒙版缩览图，将前景色改为黑色，选择渐变工具，选择径向渐变，对远处不需要有动感效果的地方做适当的还原，让画面更加自然，如图 12-16 所示。

接下来可以继续强化高光部分的氛围，创建一个曲线蒙版图层，将混合模式改成“正片叠底”，这时候高光部分的氛围被进一步强化，如图 12-17 所示。

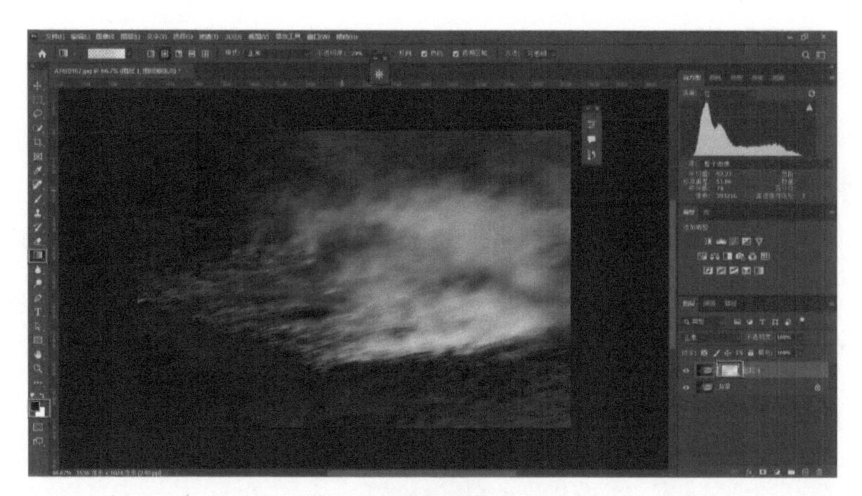

图 12-16

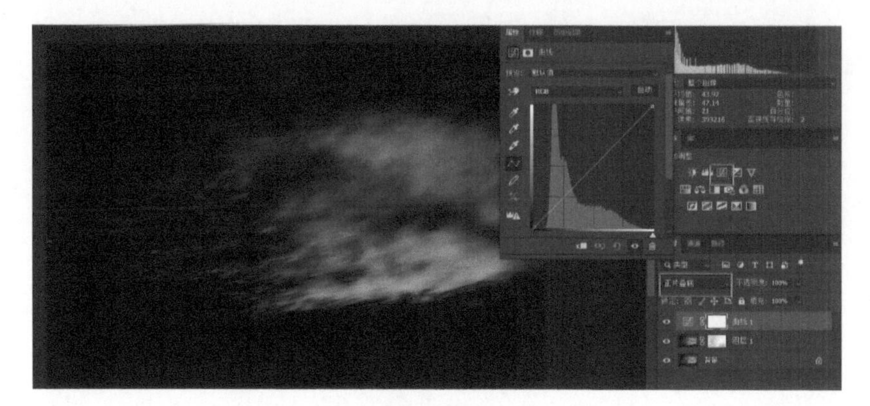

图 12-17

然后单击蒙版，再单击“反相”按钮，如图 12-18 所示。

图 12-18

将前景色改成白色，同样应用渐变工具，选择径向渐变，对需要强化的部分通过蒙版进行适当的增强，如图 12-19 所示。

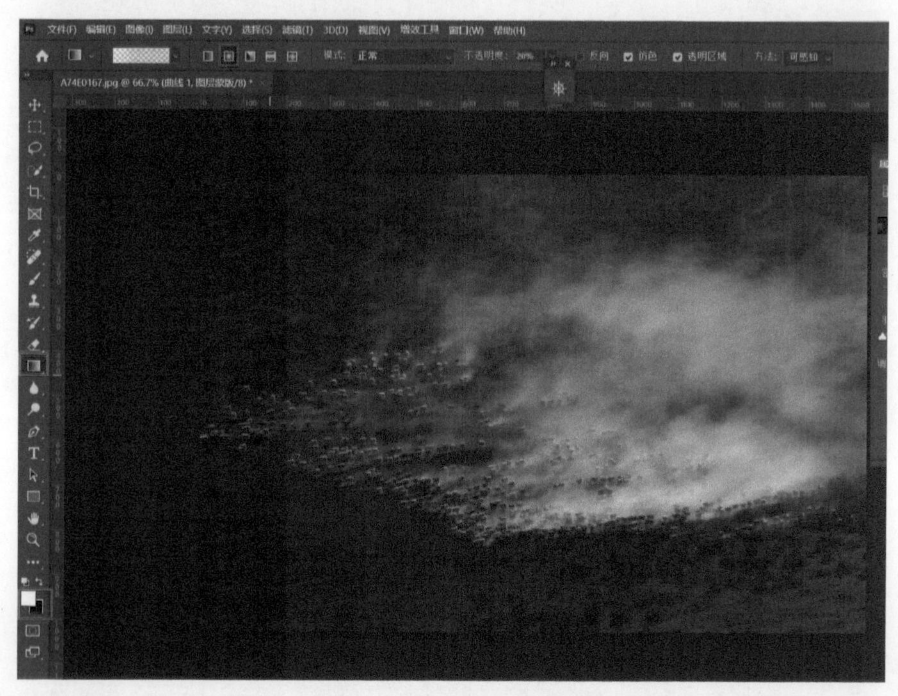

图 12-19

将图层合并，适当提高“自然饱和度”和“饱和度”的值，如图 12-20 所示。

图 12-20

第 13 章　利用曲线打造冷色调

本章讲解如何应用曲线打造冷色调，照片调整前后的效果对比如图 13-1 和图 13-2 所示。

图 13-1

图 13-2

首先对这张照片的影调进行把控。创建一个曲线蒙版图层，先对影调部分进行适当的调整来提高这张照片的通透度，观察直方图可以发现，高光部分有所欠缺，如图 13-3 所示。

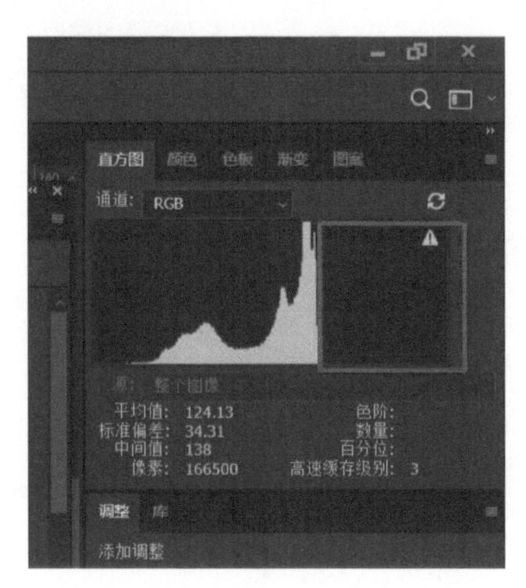

图 13-3

所以先对曲线的高光部分进行适当的处理，如图 13-4 所示。

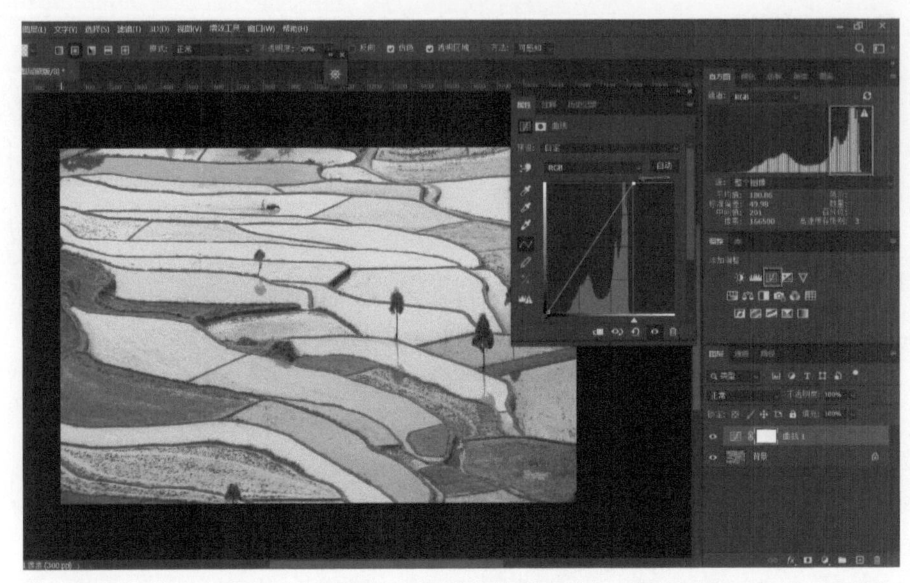

图 13-4

阴影部分也有欠缺，所以调整阴影部分，让直方图更加完整，如图 13-5 所示。

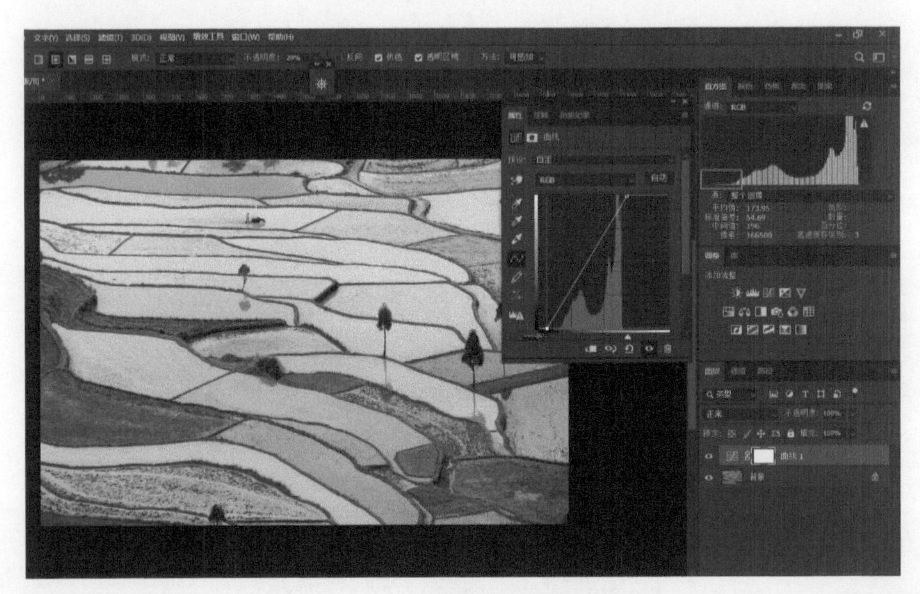

图 13-5

对中间调部分也做适当的调整，如图 13-6 所示。

图 13-6

影调部分基本就调整完了，本章主要讲解通过曲线将这张照片渲染成冷色调，冷色调就是以青色和蓝色为主。调整暖色调时是从“蓝”通道入手，处理冷色调时一样从“蓝”通道入手，暖色调要减少蓝色，冷色调就要适当增加蓝色，如图 13-7 所示。

图 13-7

接下来对红色部分做适当的减弱，如图 13-8 所示。

图 13-8

这样就将这张照片渲染成冷色调了。

接下来讲解如何将高光部分变得更加柔和，让这部分的通透度更好。先将图层合并，然后复制图层，选择“滤镜”—“滤镜库”命令，如图 13-9 所示。

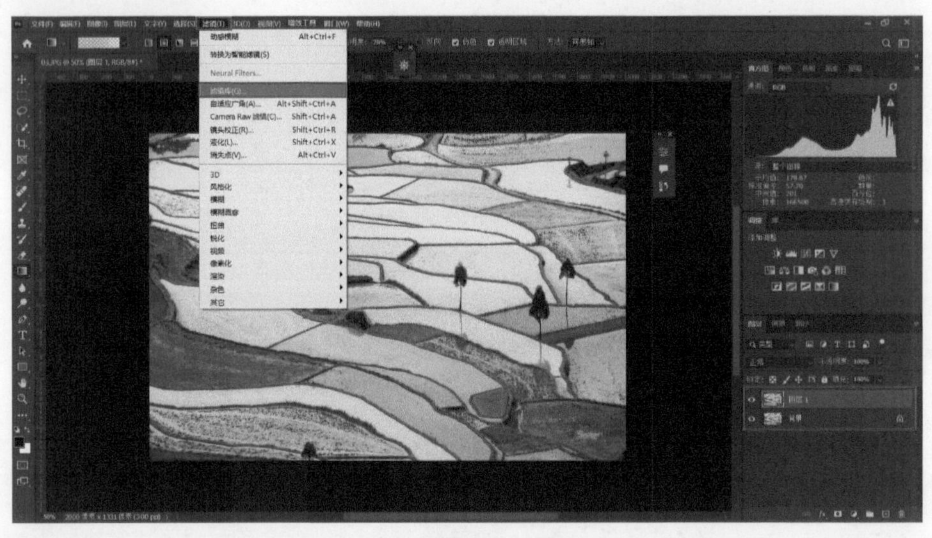

图 13-9

右键单击照片的任意位置，从弹出菜单中选择“符合视图大小”命令，如图 13-10 所示。

图 13-10

对“粒度”“发光量”“清除数量”做适当的调整，然后单击“确定”按钮，如图 13-11 所示。

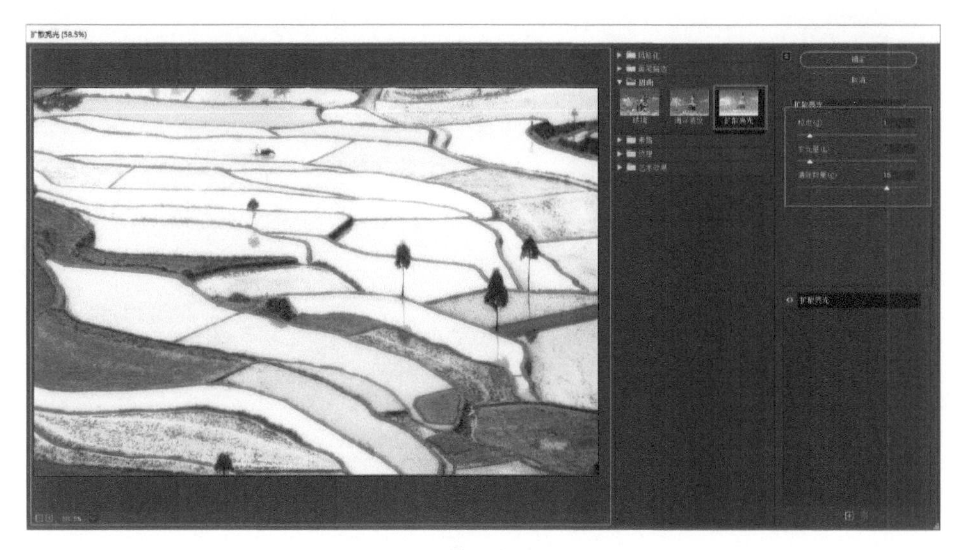

图 13-11

如果觉得效果太强烈，可以适当调整“不透明度”和“填充”，如图 13-12 所示。

观察直方图，可以发现阴影部分还是扩展得不够，创建一个色阶调整图层，对阴影部分做适当的扩展，如图 13-13 所示。

图 13-12

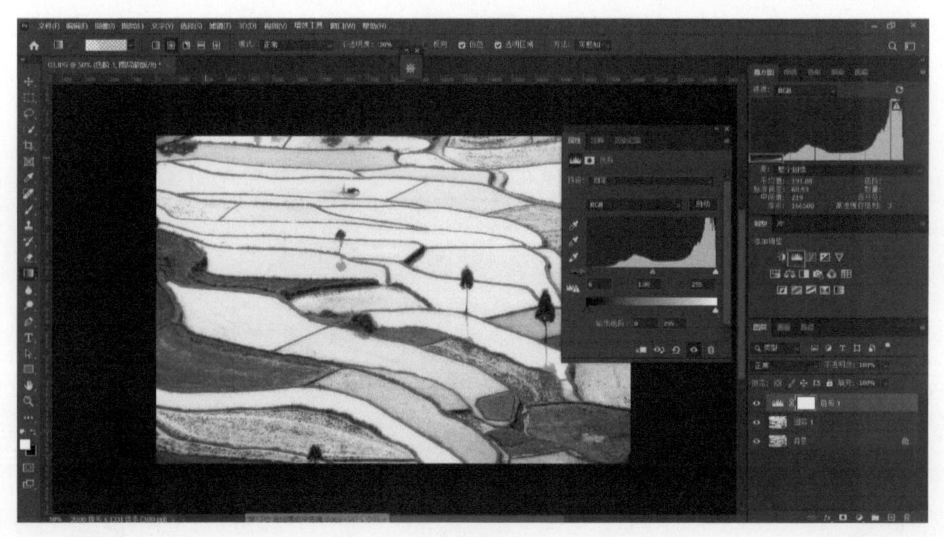

图 13-13

第 14 章　实现色调统一和低饱和效果

本章讲解如何应用 Camera Raw 实现色调统一和低饱和效果，照片调整前后的效果对比如图 14-1 和图 14-2 所示。

图 14-1

图 14-2

首先将照片导入 Camera Raw 中，单击“自动”，增大“对比度”，对高光部分做适当的还原，“阴影”部分可以适当增大，“饱和度”适当减小，如图 14-3 所示。

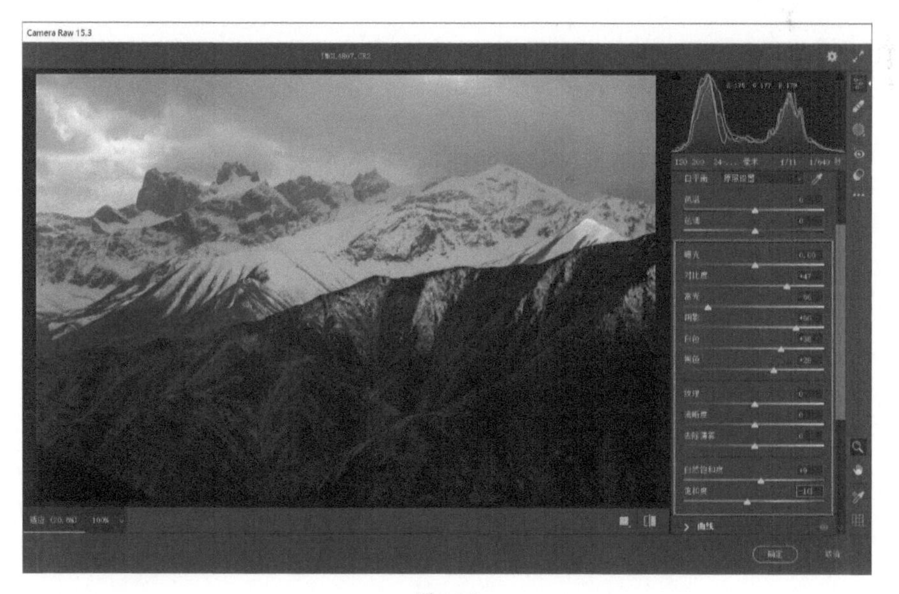

图 14-3

可以观察到天空的高光部分和山体的阴影部分的色调不是特别统一，Camera Raw 中无法做选区，所以应用 Camera Raw 中的颜色分级工具对高光部分进行适当的增大，将“色相”滑块滑动到暖色调，也要调整饱和度，否则画面不会变化。饱和度增大的同时高光部分会附着暖色调，如图 14-4 所示。

图 14-4

在“基本”面板中，观察到饱和度过高，因此要对饱和度再做调整，如图 14-5 所示。

图 14-5

这时候整体的色调是偏暖的，所以我们来调整色温，增加一些蓝色，减少一些黄色，使整个画面更清爽，如图 14-6 所示。

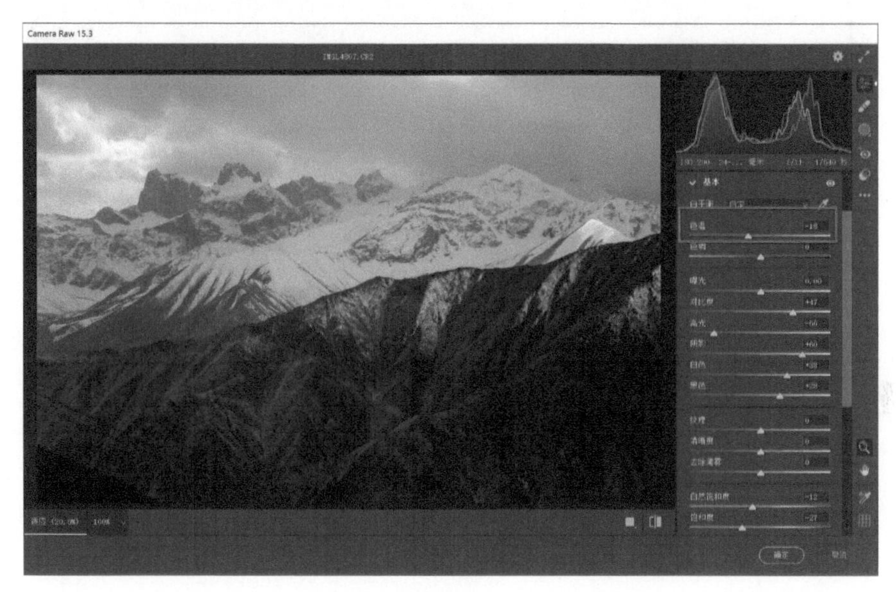

图 14-6

可以调整色调的曲线来增加中间调的对比度，如图 14-7 所示。

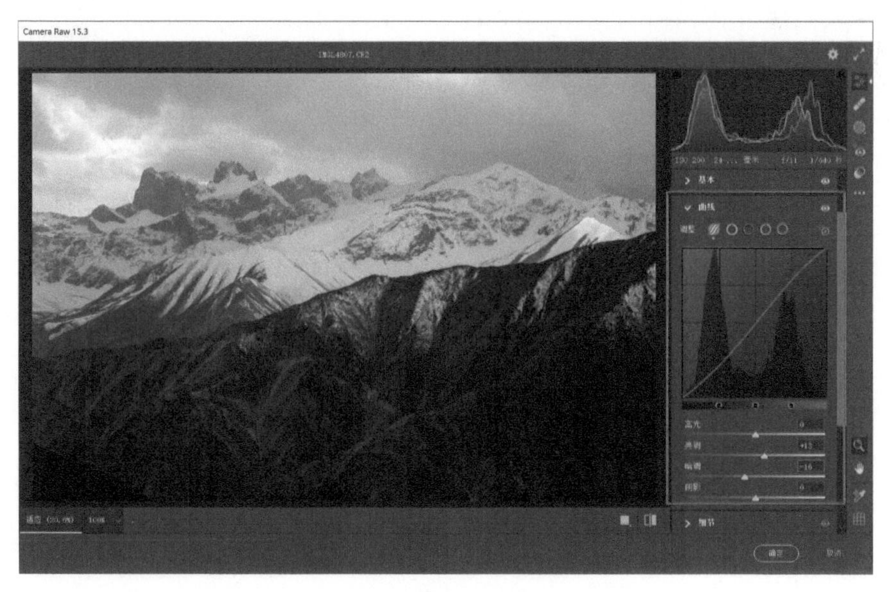

图 14-7

切换至原图和效果图的对比界面进行对比，如图 14-8 所示。

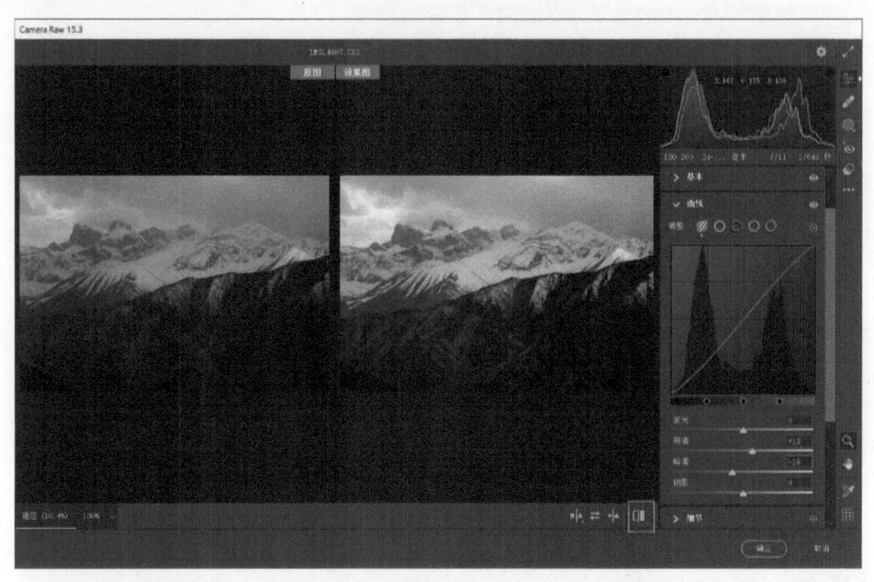

图 14-8

至此就基本完成了这张照片整体色调和影调的调整，将这张照片导入 Photoshop 中，主要对电线部分进行处理。选择“污点修复画笔工具”，单击电线的一端，然后按住 Shift 键，单击电线的另一端，绘制出一条直线段，就可以快速地将电线去除，如图 14-9 所示。

图 14-9

山体土坡与整体画面不是特别和谐，使用“快速选择工具”为土坡绘制选区，然后单击鼠标右键，选择“填充”命令，如图 14-10 所示。

图 14-10

在“填充”对话框中，“内容”选择“内容识别”，然后单击“确定”按钮，如图 14-11 所示。

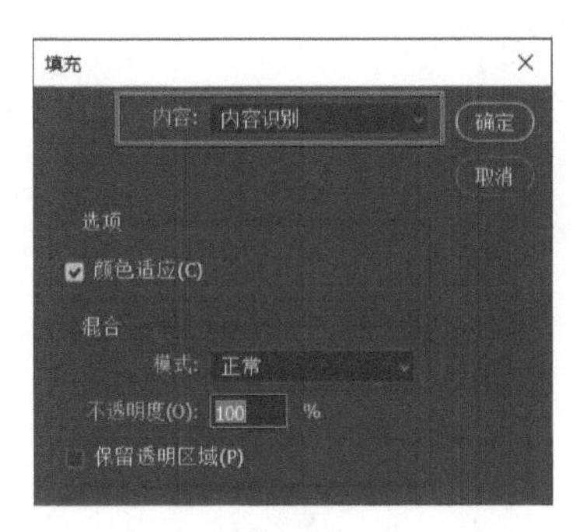

图 14-11

这样就去除了土坡与电线，这张照片看起来也就更加完整和协调了，效果如图 14-12 所示。

图 14-12

接下来我们进一步强化这张照片的质感，让山体更有层次。首先按 Ctrl+D 组合键取消选区，再单击菜单栏中的“滤镜”，选择“Camera Raw 滤镜”命令，将这张照片在 Camera Raw 中打开，如图 14-13 所示。

图 14-13

适当提高“对比度”值，这时候可以看到山体的质感和层次已经非常好了，如图 14-14 所示。

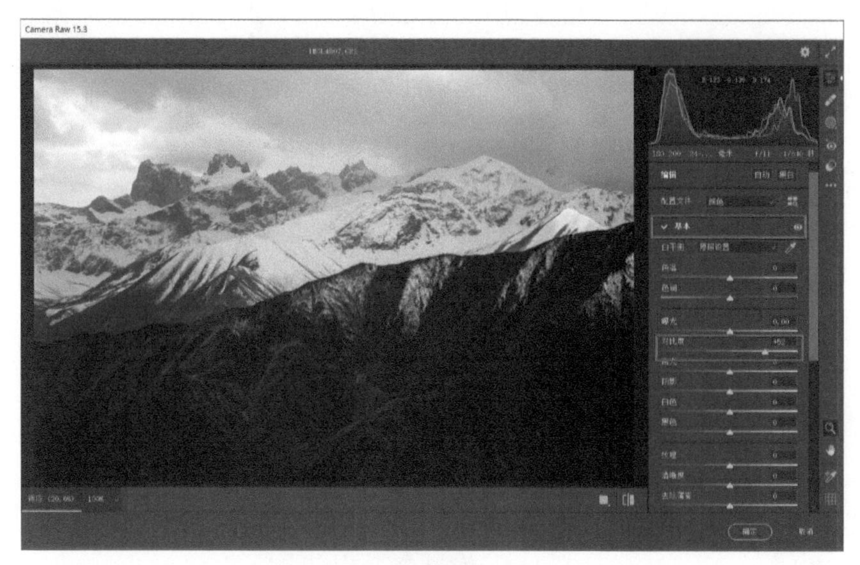

图 14-14

由于提高了对比度，饱和度又略高，这时我们可以使用“饱和度”和“自然饱和度”滑块降低照片整体的饱和度，如图 14-15 所示。

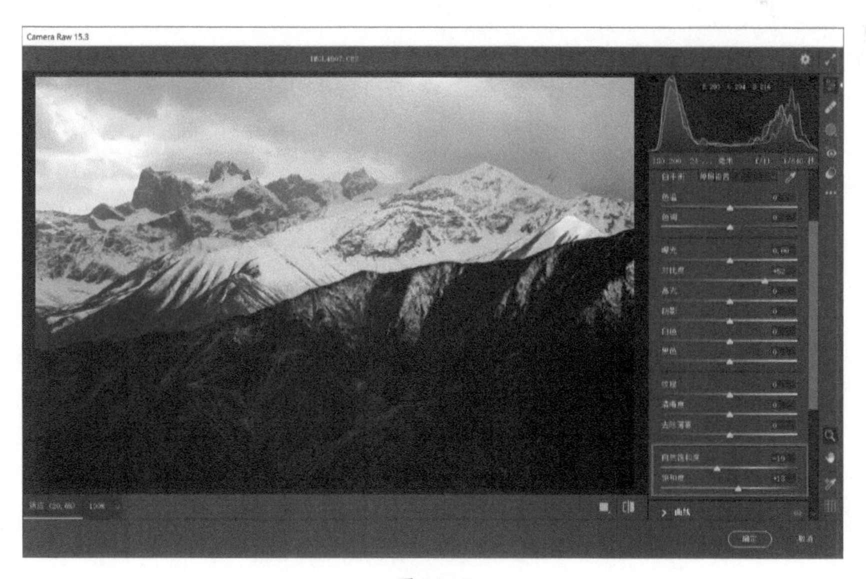

图 14-15

图 14-16

中间调部分应用色调曲线适当强化，如图 14-16 所示。

图 14-17

再适当调节“色温”滑块，增加一些黄色，如图 14-17 所示。

图 14-18

然后降低一点“饱和度”值，如图 14-18 所示。

调整完毕后单击“确定”按钮，可以观察到这张照片的层次和质感都非常好，整体色调也非常统一。

第 15 章　白平衡和路径模糊工具的使用

本章讲解白平衡工具和路径模糊工具，照片调整前后的效果对比如图 15-1 和图 15-2 所示。

图 15-1

图 15-2

15.1　利用白平衡工具调整色调

这张照片偏洋红，曝光不足，需要对色调和影调进行调整。之前我们一般用色温调整照片的色调，本节介绍用 Camera Raw 中的白平衡工具来调整色调。白平衡工具在“基本”面板里，如图 15-3 所示。

使用白平衡工具单击照片中应是中性色的内容，中性色一般是白色或者灰色，可以自动校正“色温”和“色调”，如图 15-4 所示。

用鼠标右键单击“更多图像设置”按钮，选择“复位为默认值”，将这张照片还原到默认的偏洋红的画面，如图 15-5 所示。

图 15-3

图 15-4

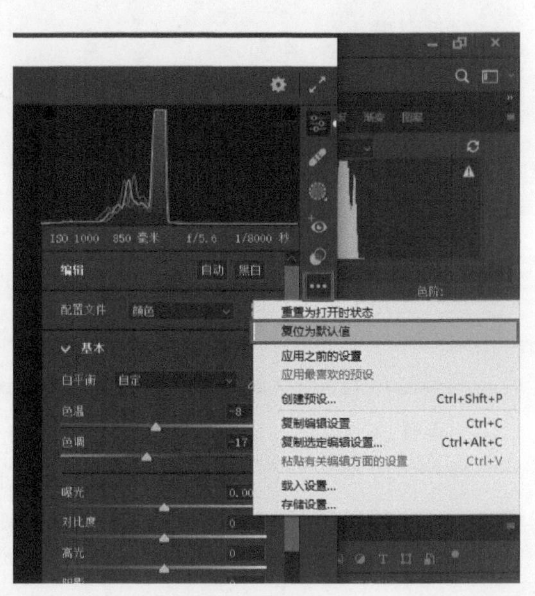

图 15-5

将白平衡选择工具放到照片的不同位置，可以观察到它们的 RGB 值也不同，如图 15-6 和图 15-7 所示。

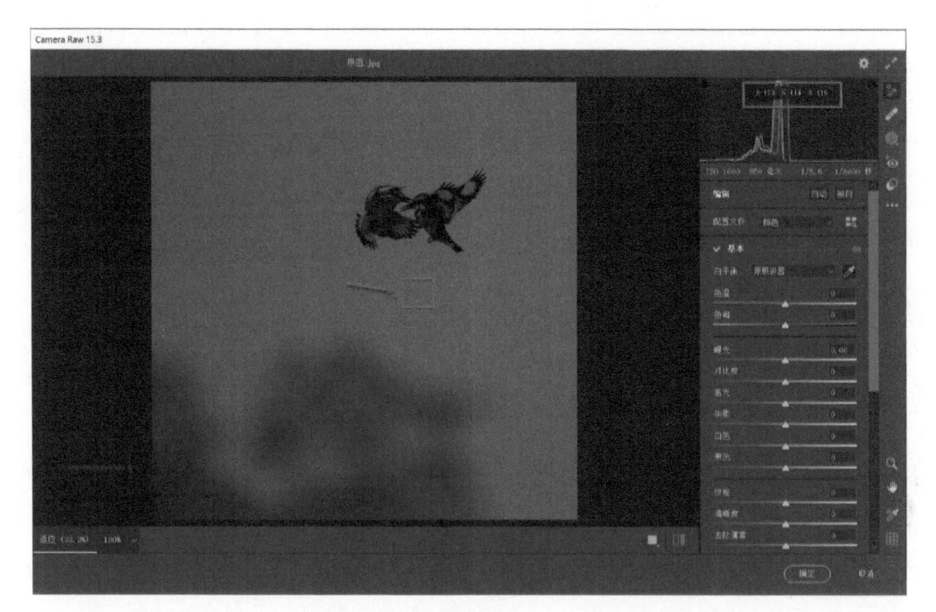

图 15-6

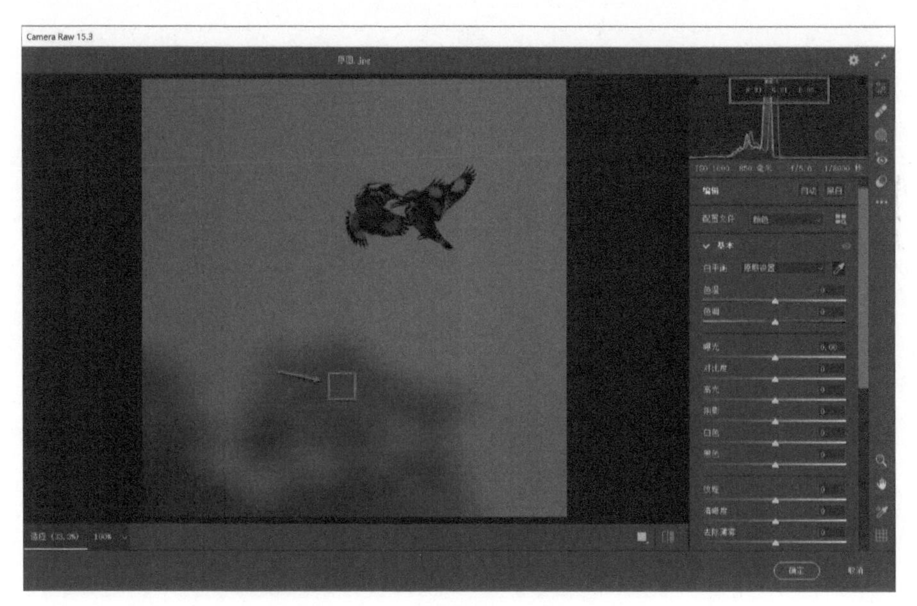

图 15-7

比如图 15-8 所示的位置，R 值为 126，G 值为 116，B 值为 116。

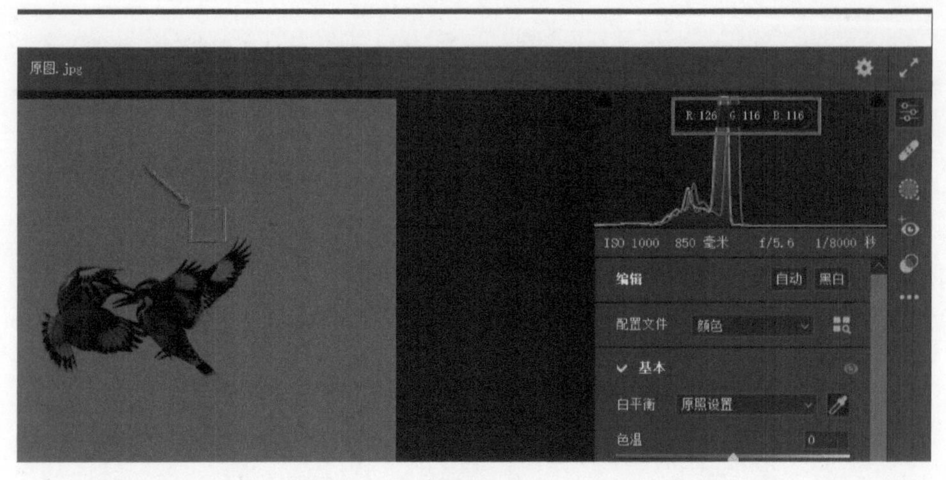

图 15-8

单击该位置之后，RGB 值会变得相对统一，R 值为 123，G 值为 123，B 值为 123，如图 15-9 所示。

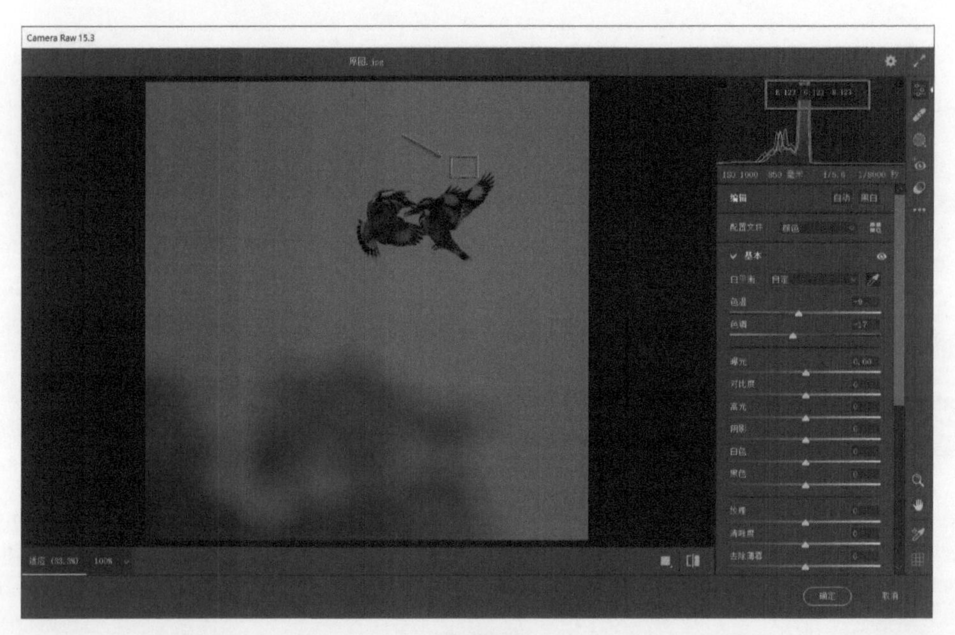

图 15-9

至此，这张照片的白平衡就校正好了，接下来对这张照片的影调进行调整。在“基本”面板里对参数进行合适的调整，增强画面的明暗反差，如图 15-10 所示。

图 15-10

在“曲线”面板中，将中间调的暗部适当减弱，将中间调的亮部适当增强，使曲线大致呈“S”形，使照片的对比度更加强烈，如图 15-11 所示。

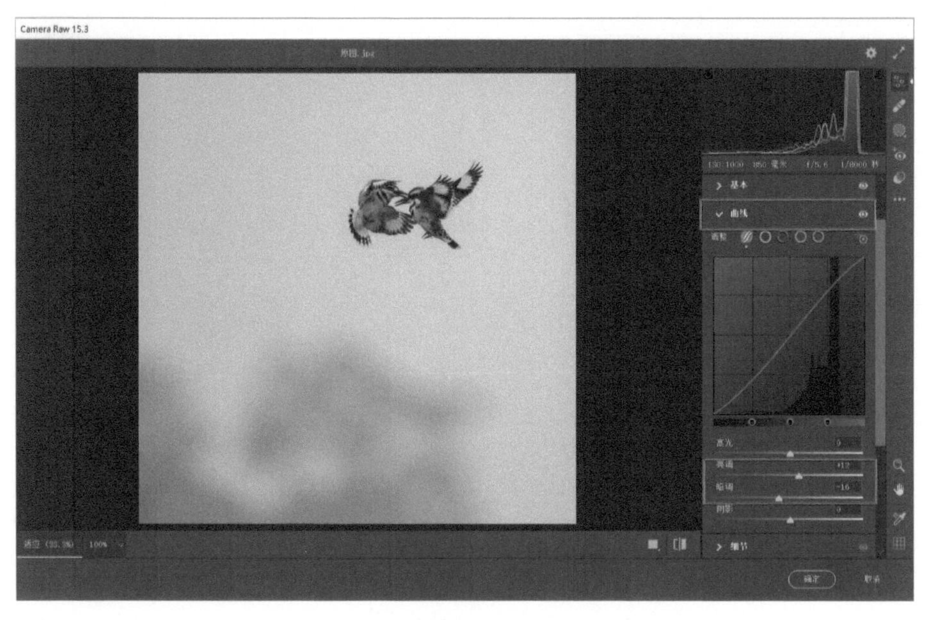

图 15-11

接下来放大照片，可以看到这张照片因曝光不足，阴影部分产生了噪点，所以应调整“细节”面板中的参数对这张照片的噪点进行去除。调整“减少杂色”为32、“细节”为50，画面的噪点减弱。把“锐化”设为24，“半径”设为1.0，“蒙版”的值适当增大，如图15-12所示，完成噪点的去除。

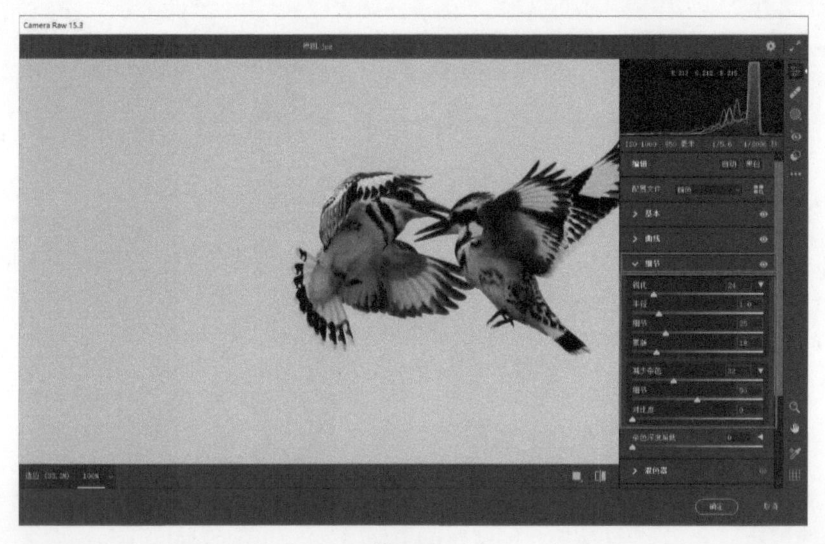

图 15-12

这张照片的色调和影调就基本调整完毕了，单击“确定”按钮，返回Photoshop，如图15-13所示。

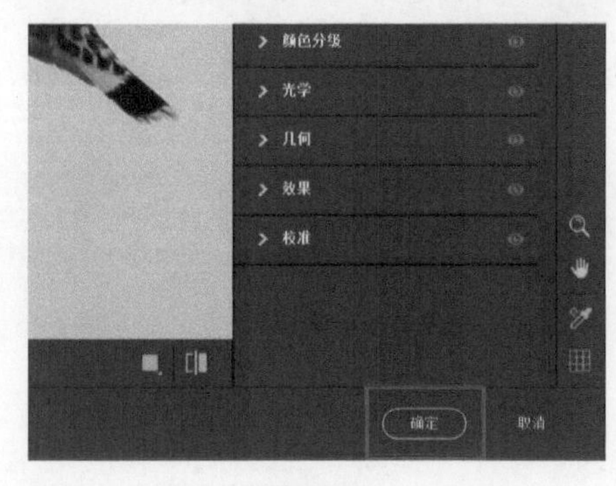

图 15-13

15.2 利用路径模糊工具渲染出动态效果

接下来渲染这张照片的动态效果。首先复制图层，单击菜单栏中的“滤镜”，选择“模糊画廊”—“路径模糊”命令，如图15-14所示。

单击图中的路径，可以通过白点对其进行拉伸，拉伸成波浪形，羽毛会更自然，如图 15-15 所示。

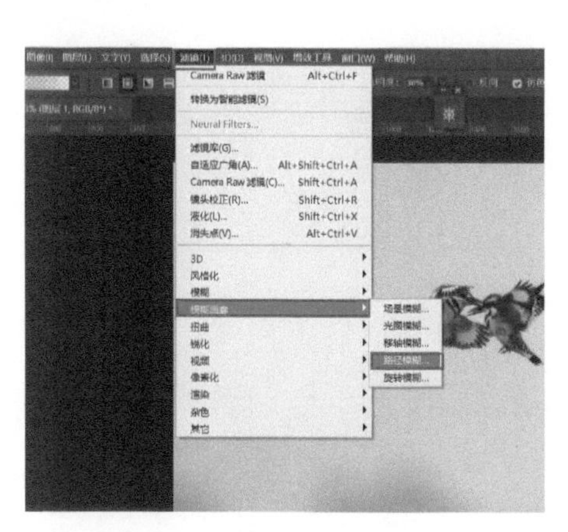

图 15-14

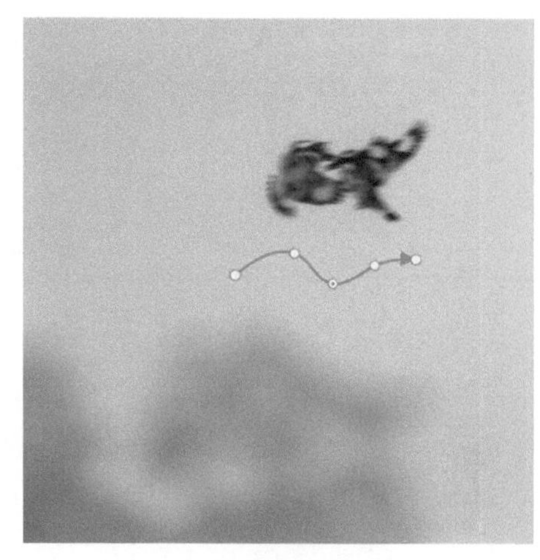

图 15-15

羽毛虚化的程度可以通过“速度”来控制，得到需要的效果之后，单击界面上方的“确定”按钮，如图 15-16 所示。

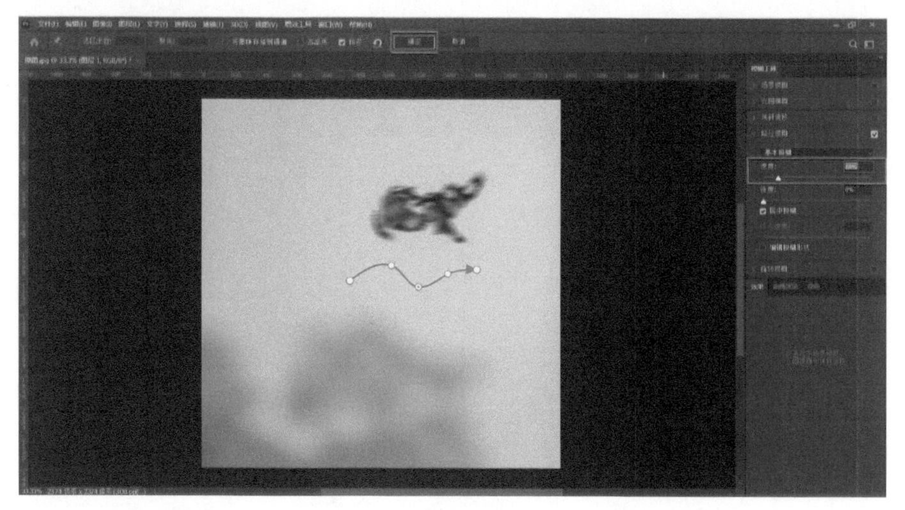

图 15-16

这样动态效果就做好了，为了体现动静结合，使画面更逼真，我们要为复制出来的这个图层添加一个蒙版，将前景色设为黑色，选择“渐变工具”，选择

“径向渐变”，将“不透明度”调整到 30% 左右，对鸟的头部进行适当的静态还原，身体部分也可以做适当的还原，如图 15-17 所示。

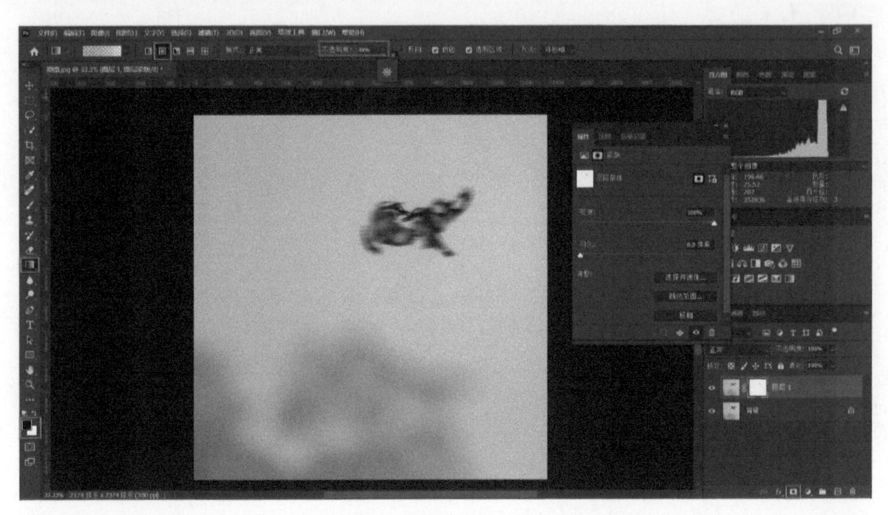

图 15-17

这样就实现了动静结合的效果。最后在色阶“属性”面板中，对这张照片的影调做最终的处理，让高光部分更亮、对比度更强，如图 15-18 所示。

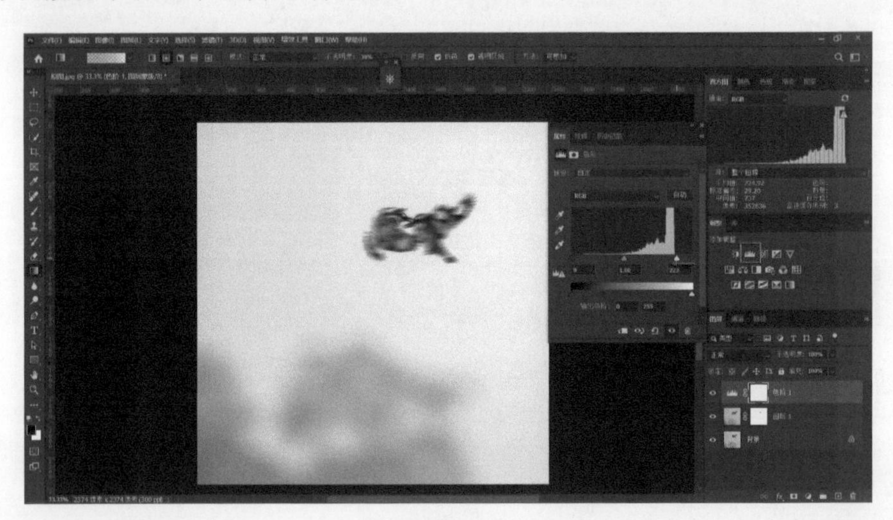

图 15-18

第 16 章　制作冷暖对比效果（上）

本章我们将学习 Photoshop 色彩调整的核心技法——冷暖对比，了解在 Camera Raw 中如何渲染出冷暖对比效果，照片渲染前后的效果对比如图 16-1 和图 16-2 所示。

图 16-1

图 16-2

仔细观察这张照片，我们会发现这张照片整体色调偏灰，但是它的调性和氛围都不错，沙漠高光的部分有阳光照到，阴影部分配合沙漠原有的线条产生了很多优美的色块和线条。接下来，我们要在 Camera Raw 中把这张照片的高光部分渲染成暖色调，阴影部分渲染成冷色调，那么应该如何去操作呢？在 Camera Raw 中是无法创建选区的，没有钢笔工具和快速选择工具，那我们如何才能快速地将高光部分和阴影部分选择出来呢？

16.1　利用颜色分级调整色彩

在 Camera Raw 中展开“颜色分级”面板，先对高光部分进行处理，调整“色相”和“饱和度”，如图 16-3 所示。再对阴影部分的“色相”和“饱和度”进行调整，如图 16-4 所示。

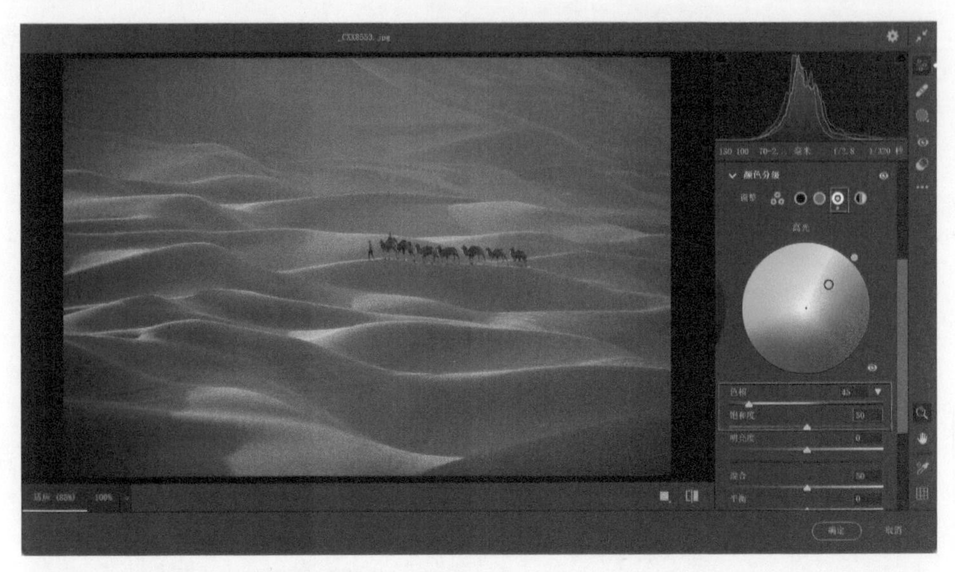

图 16-3

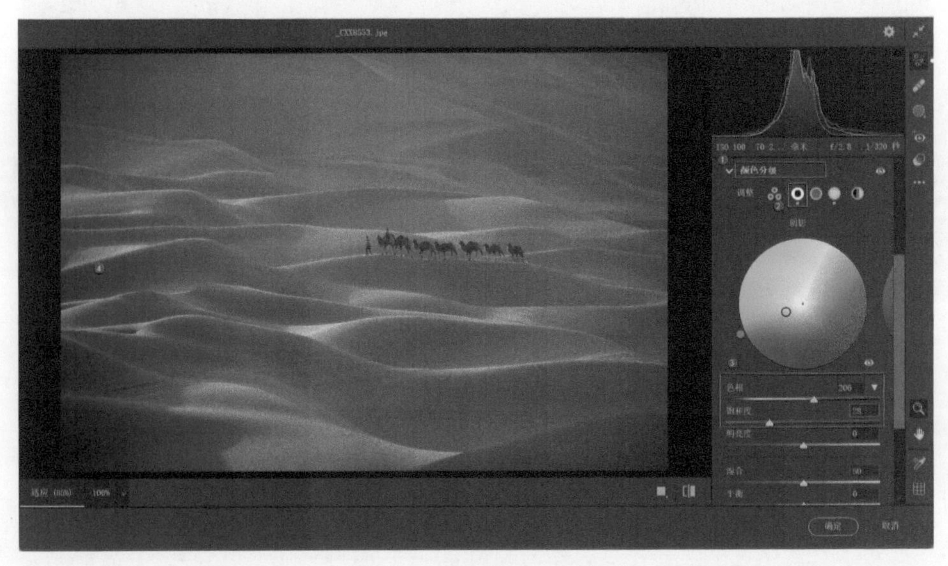

图 16-4

调整完高光部分和阴影部分的色调后，接下来要处理的是整体画面的影调。展开“基本”面板，增大“对比度”，适当减小“曝光”和“阴影”，这样对比会更加强烈，如图 16-5 所示。还可以通过调整色调曲线适当增加中间调的对比度，如图 16-6 所示。

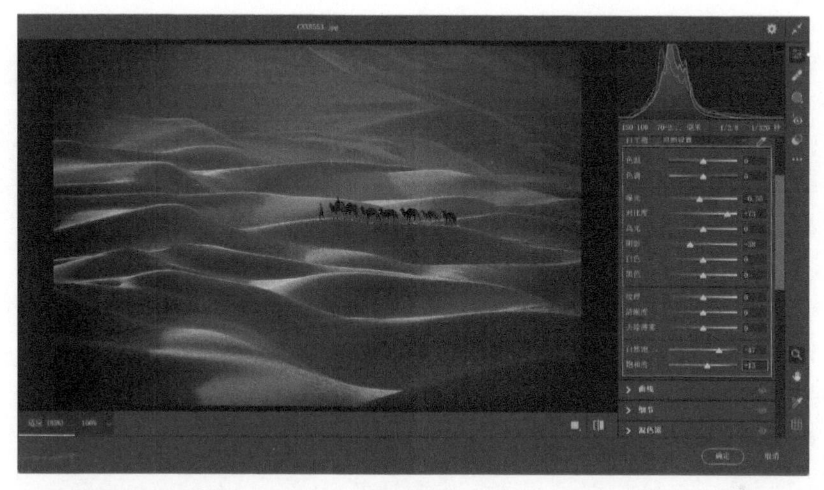

图 16-5

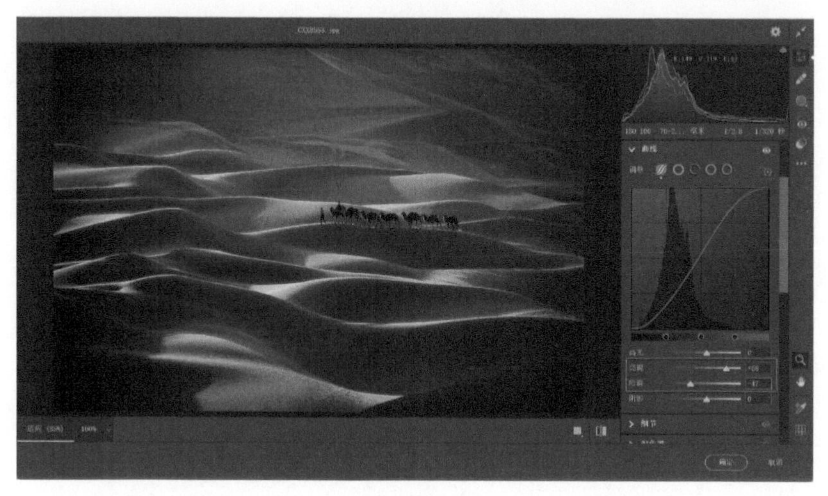

图 16-6

16.2　利用线性渐变调整亮暗

通过观察可以发现，画面的上半部分要比下半部分亮。单击右侧工具栏中的“蒙版”，选择“线性渐变”，然后用鼠标拖出一个区域，调整渐变的范围，同时减小“曝光”，如图 16-7 所示，这样就可以把照片上半部分变暗。

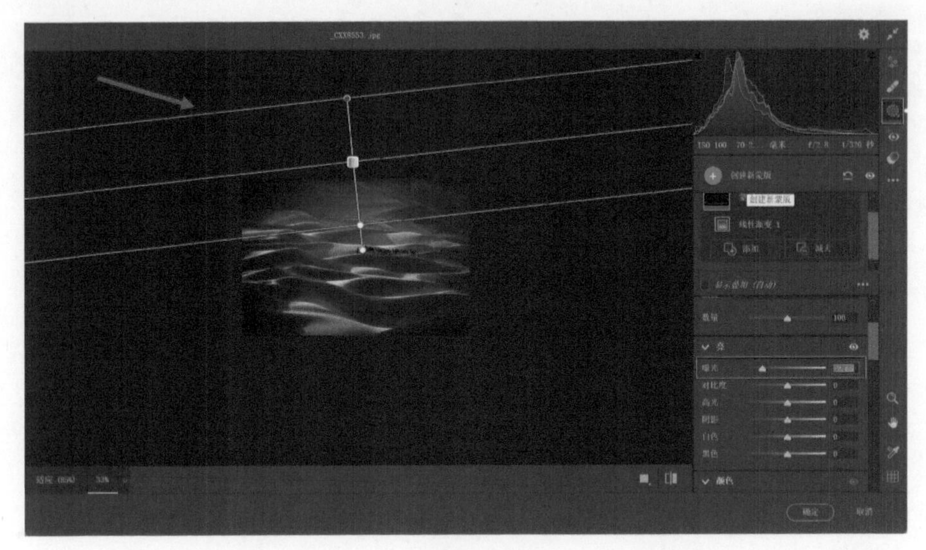

图 16-7

对“色调”进行适当调整，将“对比度”和“饱和度”适当增大，可以达到更好的效果。为了使高光和阴影部分更加平滑，减小“清晰度”。对比一下修改前与修改后的照片，修改前的照片色调偏灰，修改后的照片变通透了，如图 16-8 所示。

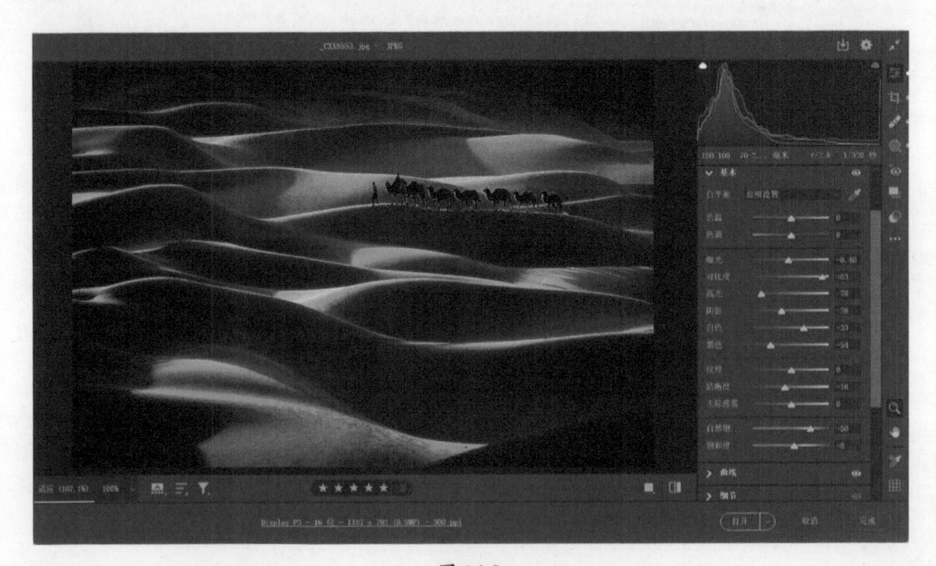

图 16-8

第 17 章 制作冷暖对比效果（下）

本章继续学习冷暖对比效果的制作，介绍在 Camera Raw 中如何利用色调曲线去调整照片中间调的对比度，调整前后的效果对比如图 17-1 和图 17-2 所示。

图 17-1

图 17-2

17.1 调整曲线

在 Camera Raw 中，展开“曲线”面板，选择红色通道，对高光部分的色调进行调整，将曲线的高光部分向上提，阴影部分的曲线调整到 45° 的位置，如图 17-3 所示。

图 17-3

接下来调整蓝色通道，减少蓝色色调，如图 17-4 所示。然后调整点曲线，如图 17-5 所示。在调整的过程中要根据实际情况进行参数设置，切忌背参数，要用肉眼和经验进行判断。

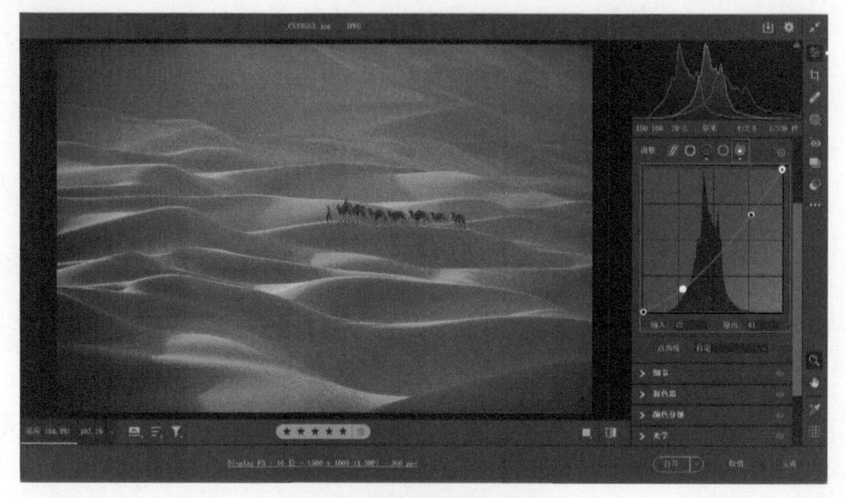

图 17-4

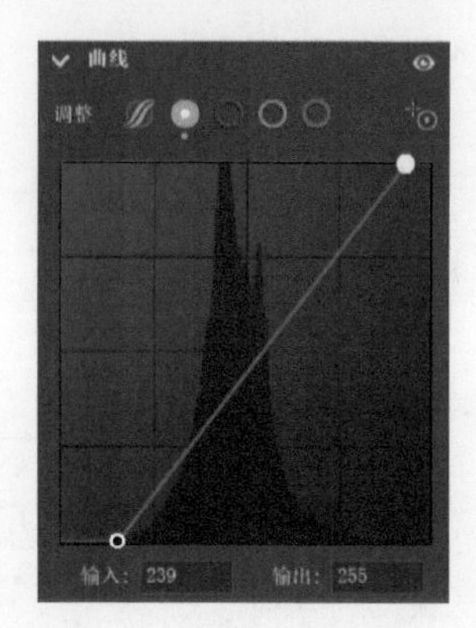

图 17-5

17.2 线性渐变

这张照片依旧存在上半部分比下半部分亮的问题，上一章我们已经学习了如何使用“线性渐变”解决这一问题，这里仍然适用。利用“线性渐变”调整图片上半部分的亮度，适当调整清晰度，使阴影部分和高光部分更加平滑。

第 18 章　平均模糊的运用

本章主要讲解 Photoshop 色彩调整的核心技法——滤镜功能中的平均模糊。图 18-1 所示照片的整体线条非常有韵律，仔细观察可以看到，照片中有一个渔夫在划着小船，如果把这张照片的氛围营造成渔舟唱晚，整体效果会更好。调整前后的效果对比如图 18-1 和图 18-2 所示。

图 18-1

图 18-2

调整影调和色调

“渔舟唱晚”的特点第一是宁静，第二是夜幕即将降临。要想调整成这样的效果，就要将色调调整成冷色调。首先，将照片导入 Camera Raw 中，单击“自动”，利用自动功能对照片进行一个整体的调整。将“色温”往蓝色色调调整，调整“曝光”和“对比度”等，如图 18-3 所示。调整色调曲线，改变这张照片的中间调部分，如图 18-4 所示。

图 18-3

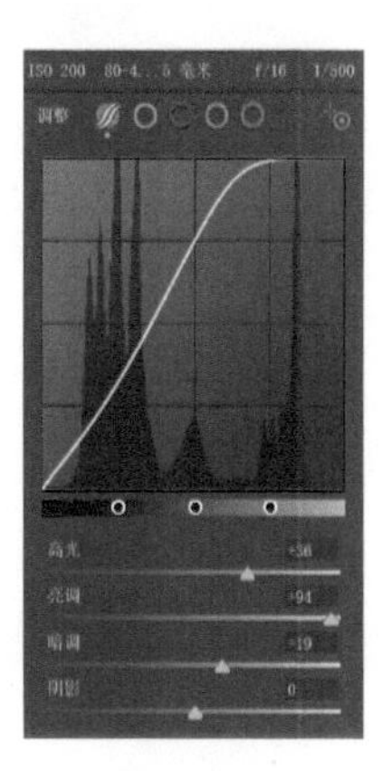

图 18-4

图 18-5

调整完色彩后，这张照片在 Camera Raw 中的调整就结束了，图 18-5 所示为调整后的效果。

为了使画面更加宁静，需要淡化云在水中的倒影。最常用的方法是仿制图章，但是这张照片并不适合使用这个方法，用此方法制作选区精确度会变差，步骤会变得烦琐。下面我们用一次性将水的部分选出的方法。首先复制图层，复制图层的组合键是 Ctrl+J，然后切换到“通道”面板，选取“蓝”通道，然后将“蓝”通道拖到右下角虚线圆圈的位置，如图 18-6 所示，这时候水的部分就被全部选取出来了。还可以选中要做选区的图层，按住 Ctrl 键的同时单击“蓝”通道。两种方法效果相同。

图 18-6

平均模糊

创建蒙版图层，在菜单栏中单击“滤镜”，选择“模糊”—“平均”命令，如图 18-7 所示。照片蓝色部分的色彩变得均衡了，水面上的云也被蓝色覆盖掉了。调整“不透明度”和“填充”的值，对整体效果进行适当的调整，如图 18-8 所示。

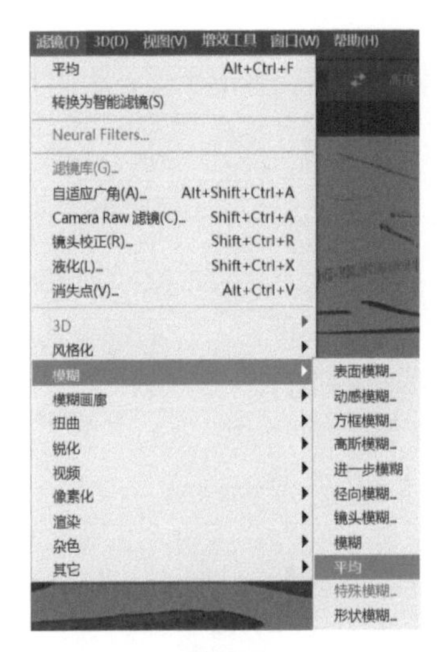

图 18-7

图 18-8

仔细观察照片，可以发现画面中渔夫和船变得模糊了。选择蒙版图层，在左侧工具栏中选取黑色作为前景色，选择画笔工具，对模糊的地方进行擦拭。为了解决这张照片缺乏像素感的问题，先将两个图层合并，再复制图层，然后在菜单栏中单击“滤镜”，选择“杂色”—“添加杂色”命令，将“数量”设置为 0.8% 左右，如图 18-9 所示。

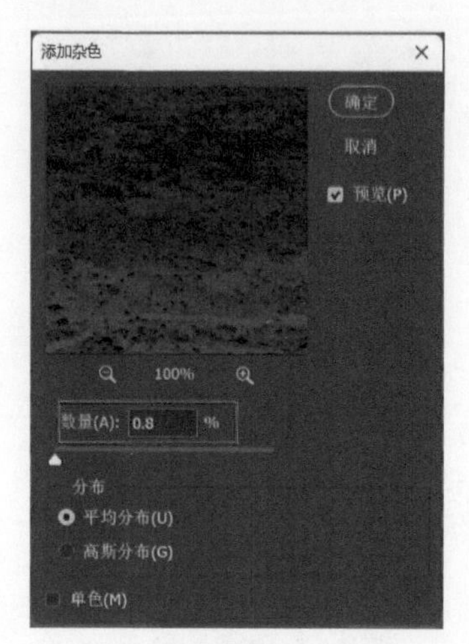

图 18-9

在色阶“属性”面板中，对照片的影调进行适当的调整，如图 18-10 所示。

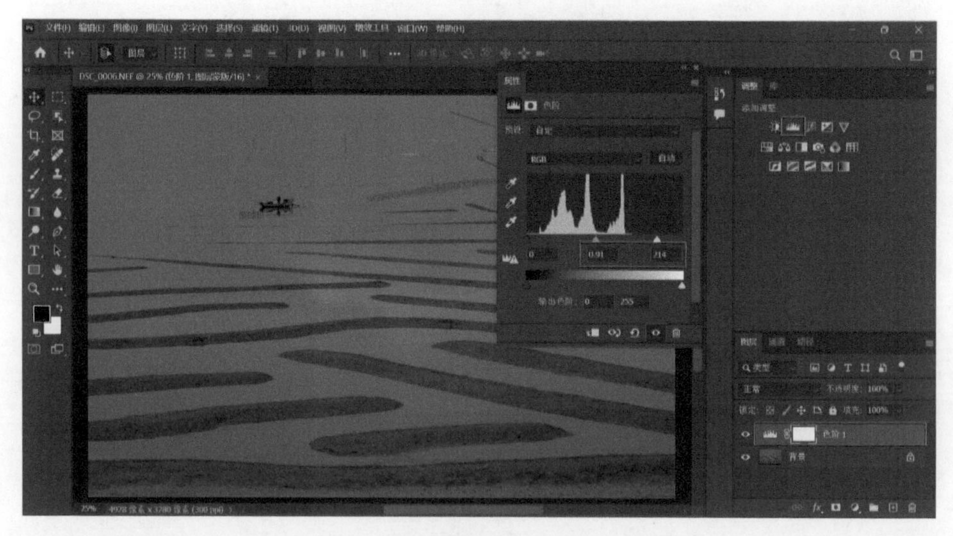

图 18-10

合并图层，发现这张照片中还有污点，在左侧工具栏里选择污点修复画笔工具，如图 18-11 所示，使用污点修复画笔工具对这些污点进行修复。

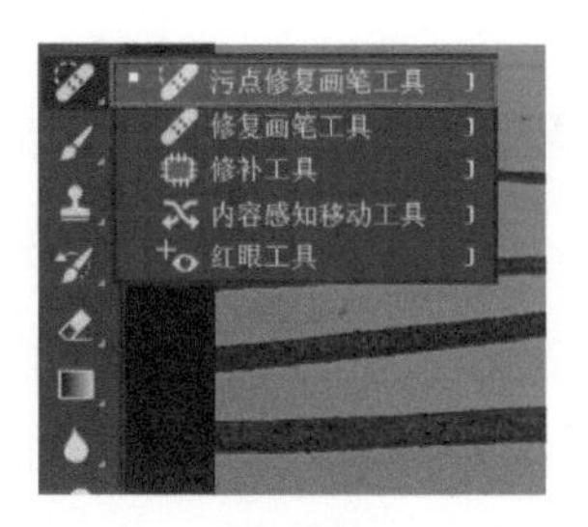

图 18-11

如果觉得这张照片中间调的对比度还是不够，可以创建一个曲线蒙版图层，将混合模式从“正常”改为“柔光”，调整 RGB 曲线，如图 18-12 所示。

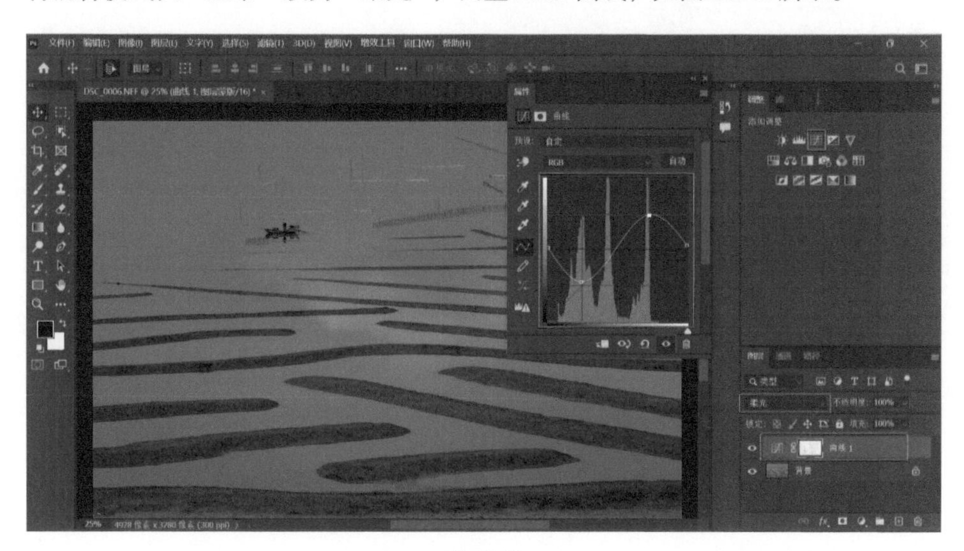

图 18-12

第 19 章　去除图像灰雾效果

本章我们来学习色彩调整的核心技法——去除图像灰雾效果，使用这种技法可以从模糊、有雾或低对比度的图像中提取出更多的细节和信息。照片调整前后的效果对比如图 19-1 和图 19-2 所示。

图 19-1

图 19-2

平常我们处理照片，一般直接先使用自动功能进行调整，然后调整对比度、高光和阴影等，通过这种方法调整的图片，色彩的对比度很高，这时就需要去除图像灰雾效果。

19.1　去除薄雾的运用

将照片导入 Camera Raw 中，减小“清晰度”和“去除薄雾”，让整张照片的色调偏灰色，变得朦胧，色彩对比度变小。在此基础上，对“色温”进行调整，将滑块往黄色的方向滑动，此时，照片的色调会变成暖色调。然后对“色调”进行调整，将滑块往绿色方向滑动，减小对比度，如图 19-3 所示。也可以利用色调曲线对中间调进行调整，如图 19-4 所示。

图 19-3

图 19-4

为了使围栏更加明显，我们需要调整纹理。增强纹理，围栏的轮廓会变得清晰，如图 19-5 所示。

图 19-5

19.2 通过填充去除杂物

对照片进行裁剪，照片左边部分适当留白，裁剪到合适的尺寸。接下来，我们要去除照片右下角的杂物。将照片导入 Photoshop 中，在左侧的工具栏中选择套索工具，选择需要去除杂物的区域。选好后，鼠标右键单击选中的区域，在弹出的菜单中选择“填充”命令，如图 19-6 所示。

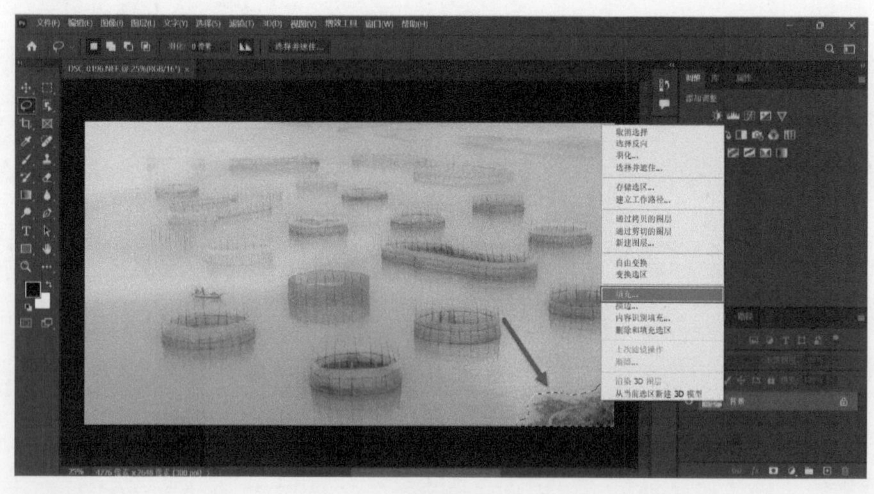

图 19-6

在弹出的“填充”对话框中，“内容”选择“内容识别”，如图 19-7 所示，单击“确定”按钮完成设置，效果如图 19-8 所示。调整完毕后，照片的对比度降低了，整张照片显得宁静和梦幻。

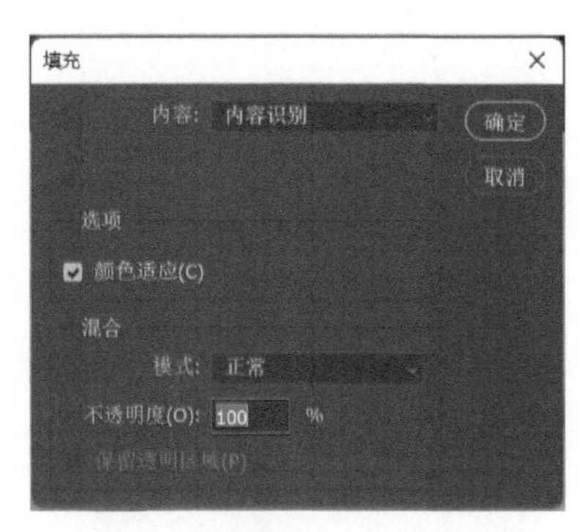

图 19-7

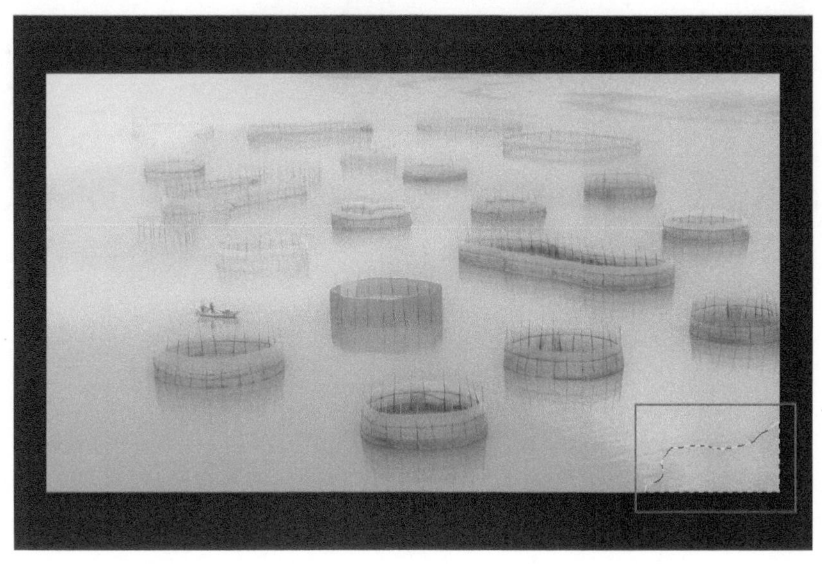

图 19-8

第 20 章　实现水墨单色效果

本章以图 20-1 所示照片为例，讲解如何通过通道的方式将照片调整为图 20-2 所示的水墨单色效果。

图 20-1

图 20-2

20.1　利用通道调整色调

将照片处理成墨绿色的单色调的常用方法是调整色相，这一节我们来学习新的调整方法。首先，把照片导入 Photoshop 中，切换至“通道”面板，通道分为“RGB”“红”“绿”“蓝”，可以将一个颜色通道复制到另一个颜色通道，以此去改变这张照片整体的色调。例如，将“绿”通道复制到“蓝”通道。选择“绿”通道，按 Ctrl+A 组合键选中照片，按 Ctrl+C 组合键复制，选择“蓝”通道，按 Ctrl+V 组合键粘贴，按 Ctrl+D 组合键取消选区，如图 20-3 所示，照片整体的颜色变成墨绿色，而图中山体内部的颜色是没有发生变化的。

图 20-3

20.2　调整影调和色调

对照片影调和色调进行适当的调整。将照片导入 Camera Raw 中，单击“自动”，减小“饱和度”和“对比度”，如图 20-4 所示。

图 20-4

通过色调曲线调整中间调部分，如图 20-5 所示。然后对照片的纹理、色调等进行适当的调整，如图 20-6 所示。

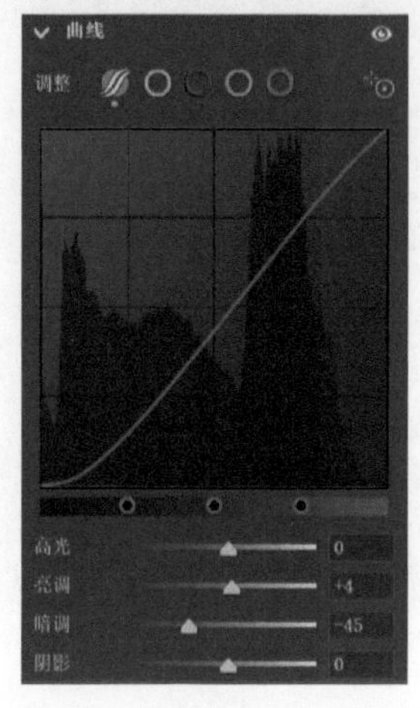

图 20-5

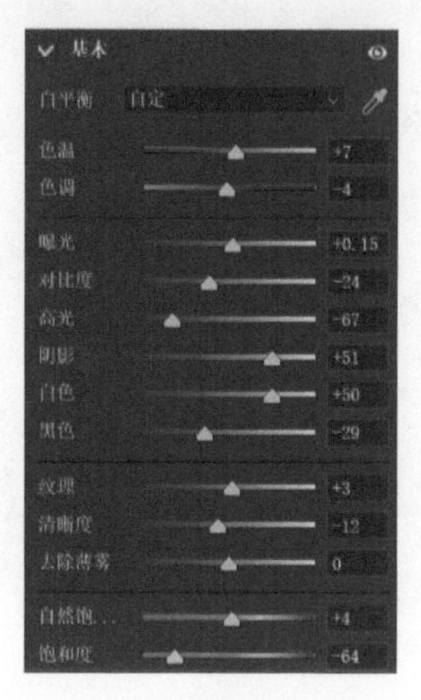

图 20-6

至此就把这张照片调整为单色调了，照片中颜色过渡十分平滑，没有色调分离的现象，画面整体给人一种清冷的感觉。

第 21 章　使用 Adobe 风景模式优化照片

本章我们将认识并学习 Camera Raw 中的配置文件，了解 Adobe 风景模式。使用 Adobe 风景模式优化照片前后的效果对比如图 21-1 和图 21-2 所示。

图 21-1

图 21-2

21.1　Adobe 风景模式的运用

将素材导入 Camera Raw 中，找到“配置文件”，“配置文件”中有很多模式，大家可以通过练习感受不同模式的效果，这里重点介绍“Adobe 风景”模式。“Adobe 风景”非常适合风景类照片以及动物类照片，应用“Adobe 风景”之后，我们可以发现照片的色彩会变浓郁，色彩过渡会变得平滑和自然。在应用“Adobe 风景”的基础上对照片做进一步的调整，选择“自动”，适当调整高光部分、阴影部分以及色调部分。调整“色温”，将滑块往黄色方向滑动。增大“去除薄雾”，可以让照片更加清晰，层次更明显，如图 21-3 所示。还可以通过色调曲线对中间调部分进行调整，如图 21-4 所示，最后利用裁剪工具对照片进行二次构图。

图 21-3

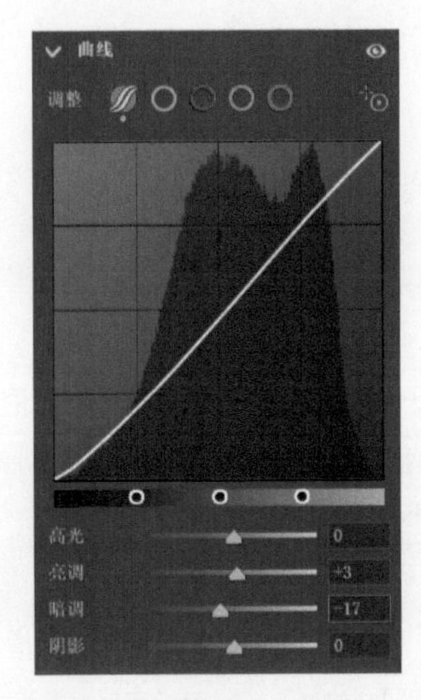

图 21-4

21.2 利用径向渐变调整亮暗

单击右侧工具栏中的“蒙版”，单击“径向渐变”，利用“径向渐变”将照片主体周围的高光部分适当压暗，以在视觉上起到引导作用，突出照片主体。效果应用于选区的外部，对高光与曝光等做适当的调节，如图 21-5 所示。

图 21-5

放大照片，发现照片有很多噪点，展开“细节”面板，利用“减少杂色”滑块来减少噪点。由于整张照片绿色色调偏重，可以调整“混色器”面板中的 HSL，降低绿色的饱和度，色相往黄色方向移动，画面整体的色调会更加协调，如图 21-6 和图 21-7 所示。

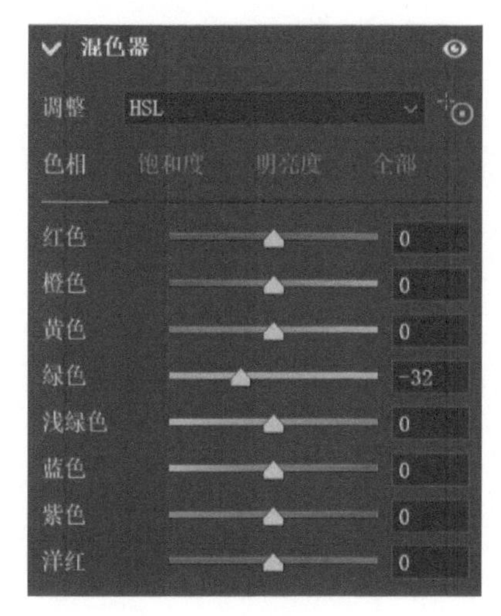

图 21-6

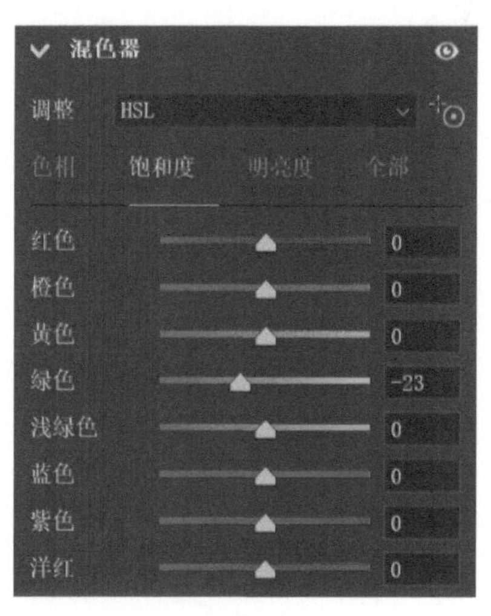

图 21-7

将照片导入 Photoshop 中，对豹子的眼睛进行处理，提高眼睛的对比度，使豹子的眼睛更加明亮。利用快速选择工具选中豹子的眼睛，添加曲线蒙版图层，调整 RGB 曲线，如图 21-8 所示，将羽化值设置为 4 左右。

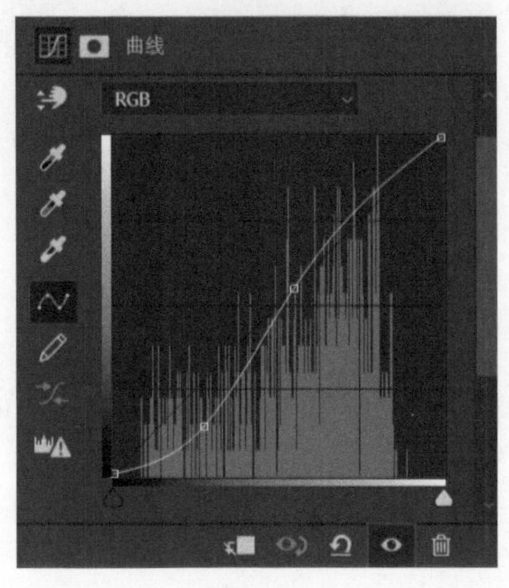

图 21-8

21.3 利用高反差保留进行锐化

合并图层，复制合并得到的图层，对照片进行锐化处理。在菜单栏中单击“滤镜”，选择“其它”—“高反差保留”命令，设置“半径”为 1.0 像素，单击“确定”按钮，将混合模式改成“叠加”或“柔光”。如果要处理照片的阴影部分，可以将前景色设为黑色，选择渐变工具，选择径向渐变，然后对照片的阴影部分进行处理。

第 22 章　制作朦胧写意效果

本章介绍如何使用高斯模糊和线性渐变为照片打造朦胧写意效果。照片调整前后的效果对比如图 22-1 和图 22-2 所示。

图 22-1

图 22-2

22.1　调整影调和色调

将照片导入 Camera Raw，通过裁剪工具对这张照片进行二次构图，矫正照片的水平线。选择“自动”模式，调整这张照片的影调部分，对曝光、对比度、高光进行适当的调整，降低清晰度，如图 22-3 所示。

图 22-3

仔细观察照片，会发现照片中树枝部分有很多“紫边”，要去除“紫边”，可以勾选“光学”中的“删除色差”复选框，然后对“紫色”和“色相”进行调整，如图 22-4 所示。

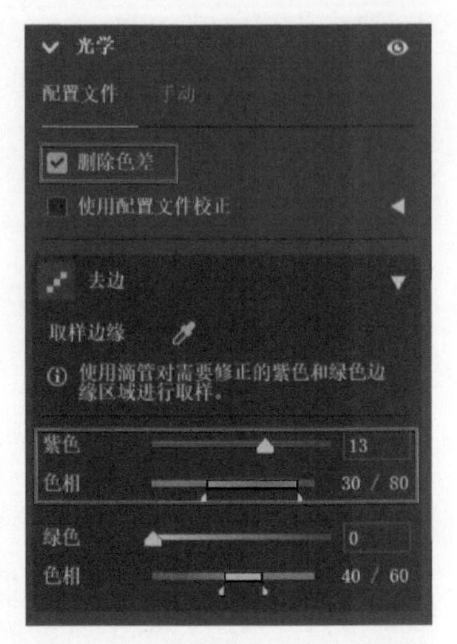

图 22-4

22.2 线性渐变的运用

照片中，大树底下地面的色调太亮，我们可以通过“线性渐变”对其进行适当的压暗，降低曝光，增大对比度，减少高光和阴影，如图 22-5 所示。

图 22-5

22.3 高斯模糊的运用

将照片导入 Photoshop 中，复制“背景”图层，单击“滤镜”菜单，选择“模糊”—“高斯模糊”命令，如图 22-6 所示。高斯模糊的模糊半径越小，模糊的强度越小；模糊半径越大，模糊的强度就越大。设置合适的半径，肉眼可以看清楚树干的轮廓即可，如图 22-7 所示，单击“确定”按钮。

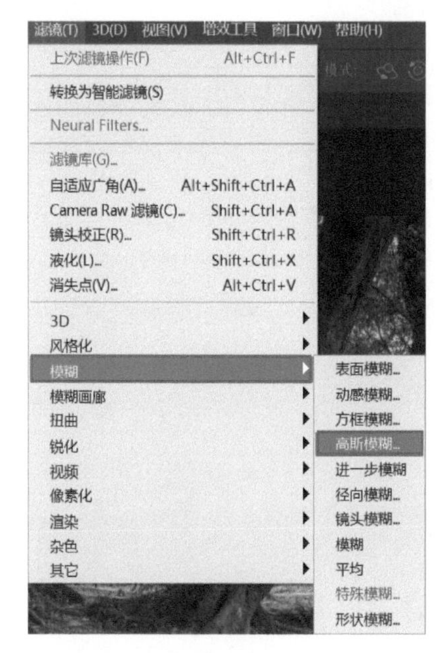

图 22-6

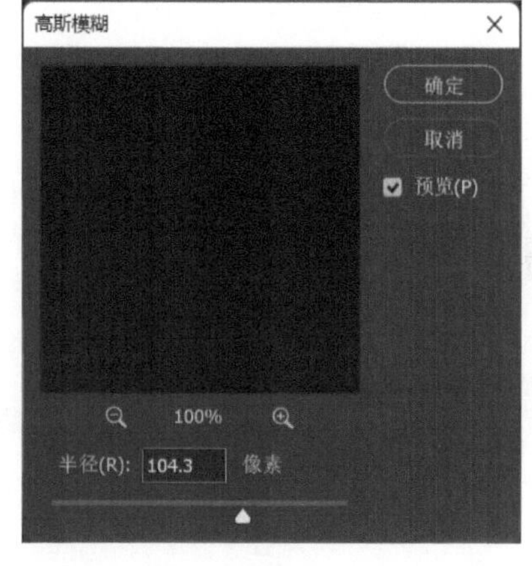

图 22-7

将混合模式改为“柔光”，调整“不透明度”和“填充”，如图 22-8 所示。此时，图片中高光部分的过渡更加平滑且均匀，颜色暗的部分能够更加凸显出榕树的质感。最后，利用污点修复画笔工具对地面上的垃圾进行处理。

图 22-8

第 23 章　制作梦幻冷色调效果

前面讲过如何用动感模糊为照片打造梦幻效果，本章我们将以图 23-1 所示照片为素材，讲解如何应用混合模式并配合动态模糊将照片打造成梦幻冷色调的摄影作品。照片调整前后的效果对比如图 23-1 和图 23-2 所示。

图 23-1

图 23-2

23.1　调整影调和色调

首先将照片导入 Camera Raw 中，利用裁剪工具对照片进行二次构图，矫正照片的水平线。接下来对照片的影调和色调进行调整，选择“自动”模式，增强曝光，增强对比度，降低清晰度等，如图 23-3 所示。

图 23-3

调整色调曲线，对这张照片中间调的对比度进行调整，如图 23-4 所示。

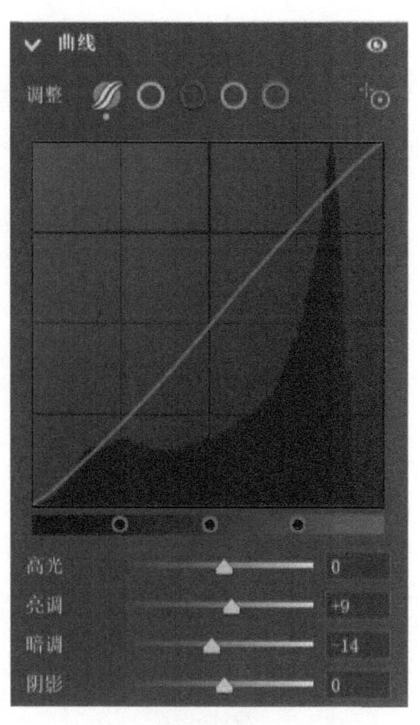

图 23-4

23.2　利用动感模糊打造动态效果

将照片导入 Photoshop 中，复制图层，单击“滤镜”菜单，选择“模糊”—“动感模糊”命令，如图 23-5 所示。“角度”决定了动感模糊的方向，“距离”决定了动感模糊的跨度和强度。设置“角度”为 90°、“距离”为 267 像素，如图 23-6 所示，单击“确定”按钮。这些值并不是固定不变的，大家要根据实际情况设置适合自己照片的参数。

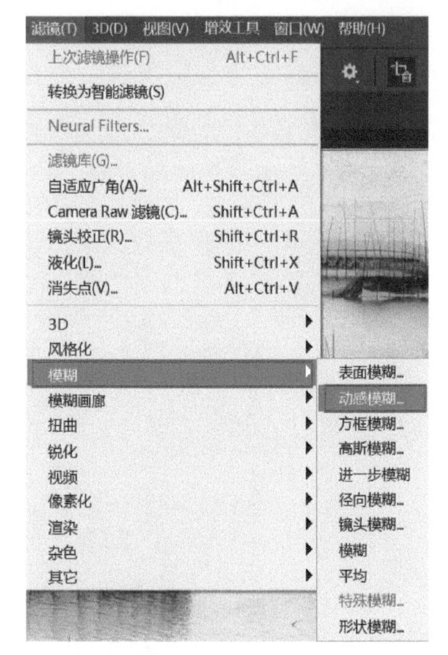

图 23-5

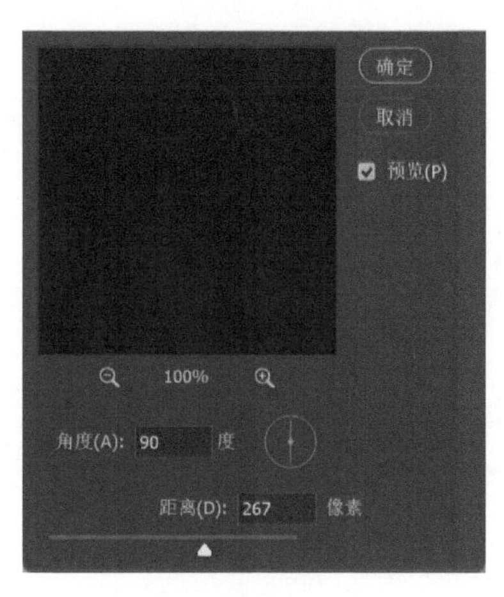

图 23-6

将混合模式改为“划分”，划分的原理是下边图层减去与上边图层颜色纯度相同的颜色。然后合并图层，复制图层，再做一次动感模糊，此时“距离”的值不需要太大，效果如图 23-7 所示。

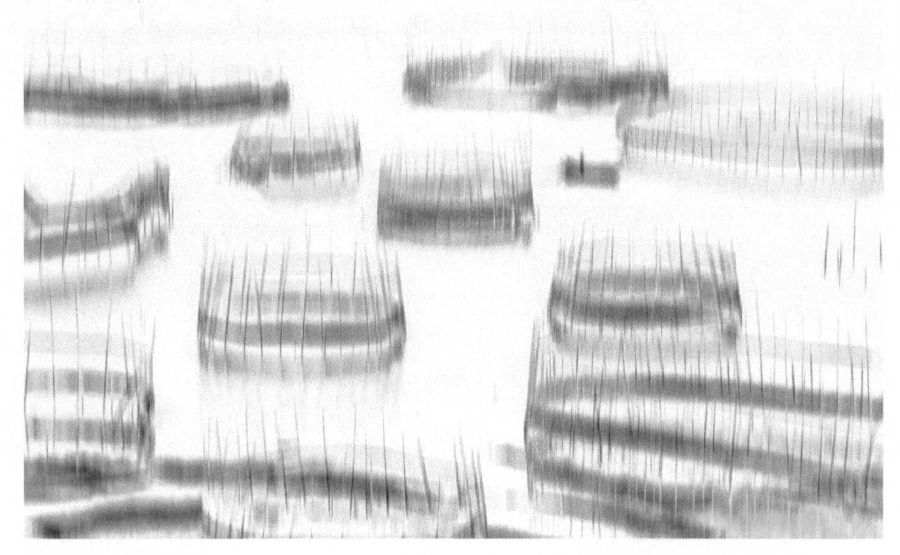

图 23-7

在图层上添加蒙版，将前景色选择为黑色，选择渐变工具，选择“径向渐变”，擦拭船的主体，如图 23-8 所示。也可以选择画笔工具，前景色选择白色，擦拭船的周围，保持边缘模糊，对画面进行还原，画面的过渡会更加自然。

图 23-8

23.3 滤镜库的使用

合并图层，或者将图层盖印，盖印的组合键是 Ctrl+Shift+Alt+E。单击“滤镜”菜单，选择“滤镜库”，在“扭曲”中选择“扩散亮光”，调整“粒度”“发光量”“清除数量”，如图 23-9 所示，单击“确定”按钮。

图 23-9

第 24 章　打造梦幻晨雾效果

本章介绍如何利用高斯模糊为图 24-1 所示照片打造梦幻晨雾效果，照片调整前后的效果对比如图 24-1 和图 24-2 所示。

图 24-1

图 24-2

24.1　调整影调和色调

将照片导入 Camera Raw，利用裁剪工具对照片进行二次构图。然后单击“自动”，调整照片的影调和色调，“色调”往偏绿的方向调整，减小“去除薄雾”等，如图 24-3 所示。

还可以利用曲线对照片的中间调进行适当的调整，如图 24-4 所示。照片有很多噪点，我们可以单击“细节”菜单，选择“去除杂色”命令来消除噪点。

图 24-3

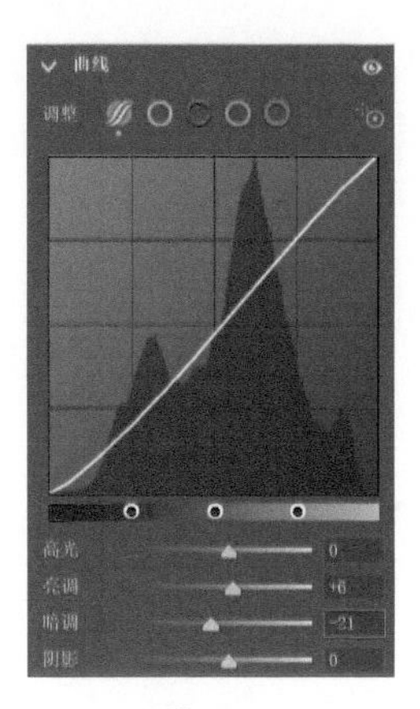

图 24-4

24.2　高斯模糊的运用

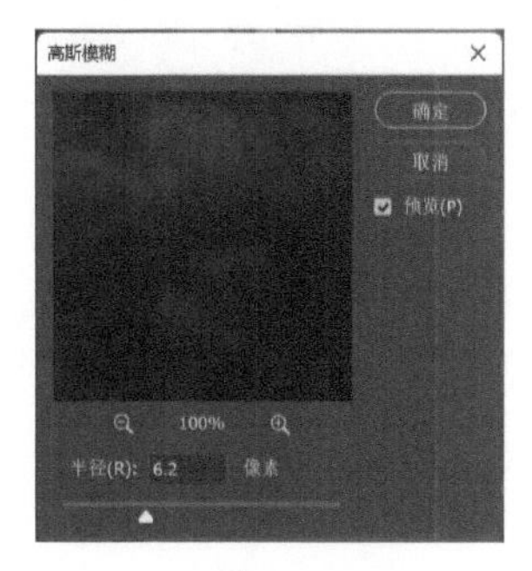

图 24-5

将照片导入 Photoshop 中，复制背景图层，单击“滤镜”菜单，选择“模糊工具”—“高斯模糊”命令，进行“半径”参数的设置，可以看见整体的轮廓即可，如图 24-5 所示，单击“确定”按钮，将混合模式改为“划分”，调整“不透明度”和“填充”，如图 24-6 所示。

图 24-6

按 Shift+Ctrl+Alt+E 组合键进行盖印，对“背景 拷贝”图层进行删除，为新图层添加蒙版，如图 24-7 所示。将前景色改为黑色，应用画笔工具或者渐变工具对照片的下半部分进行还原。

照片中左侧的树叶和画面不协调，我们可以继续盖印得到新图层，使用吸管工具在照片中选择合适的色彩，应用画笔工具在树叶的位置进行涂抹，效果如图 24-8 所示。将照片导入 Camera Raw，对照片整体的色调进行完善，如适当增加蓝色色调等，单击“确定”按钮。

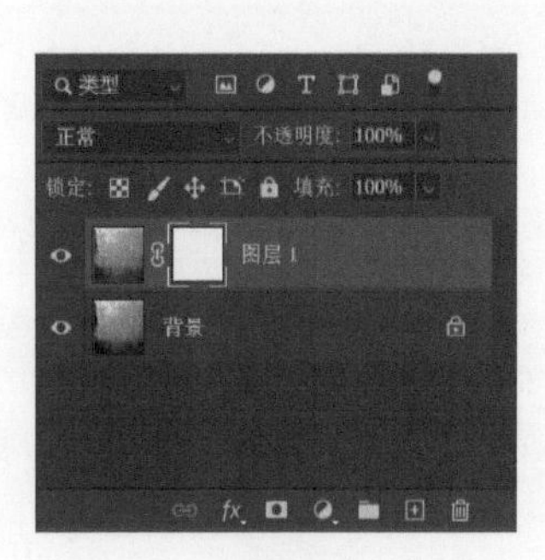

图 24-7

图 24-8

第 25 章　打造冷暖光影效果

本章我们将学习如何把图 25-1 所示照片打造成图 25-2 所示的具有冷暖光影效果的照片。

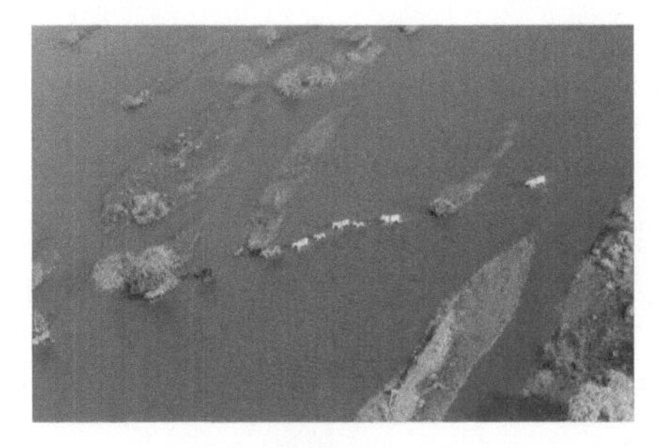

图 25-1

图 25-2

25.1　调整影调和色调

将照片导入 Camera Raw 中，选择“自动”模式，对高光和对比度等进行适当的调整，如图 25-3 所示。通过色调曲线对照片的中间调部分进行调整，如图 25-4 所示。

图 25-3

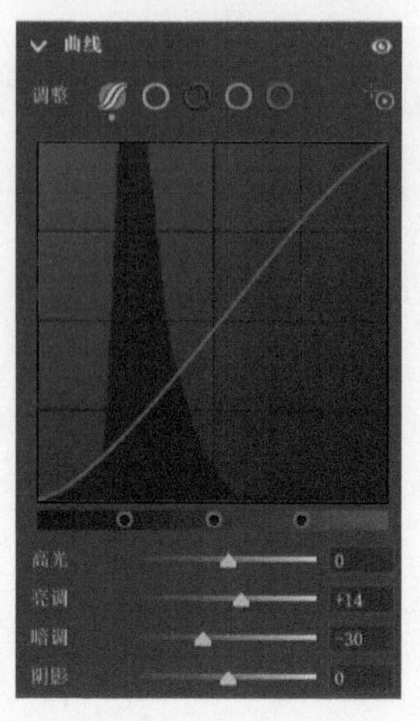

图 25-4

25.2 智能对象的运用

在 Camera Raw 中调整结束后，将照片以对象的形式打开。此时，进入 Photoshop，我们会发现图层的右下角有一个智能对象缩略图，双击智能对象缩略图会重新进入 Camera Raw 中。选中图层，单击鼠标右键，选择“通过拷贝新建智能对象”命令，如图 25-5 所示。

图 25-5

接下来要将新建的图层调整为暖色调。双击图层的缩略图，将照片导入 Camera Raw 中，在“基本”中对色温和曝光进行调整，如图 25-6 所示。

在“混色器”中，色相调整为偏黄色或者偏红色，增加橙色和黄色的明亮度，如图 25-7 和图 25-8 所示。

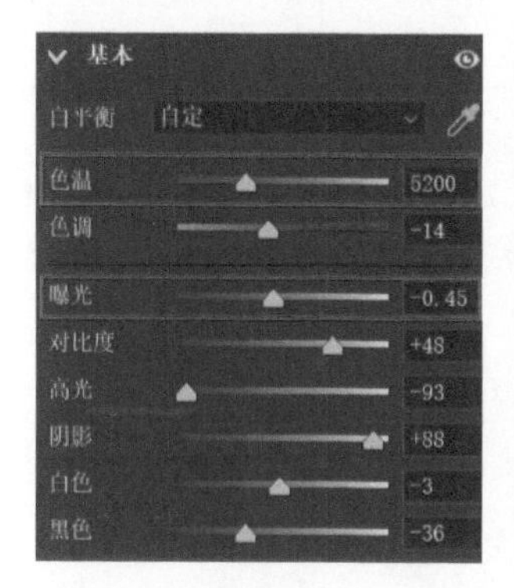

图 25-6

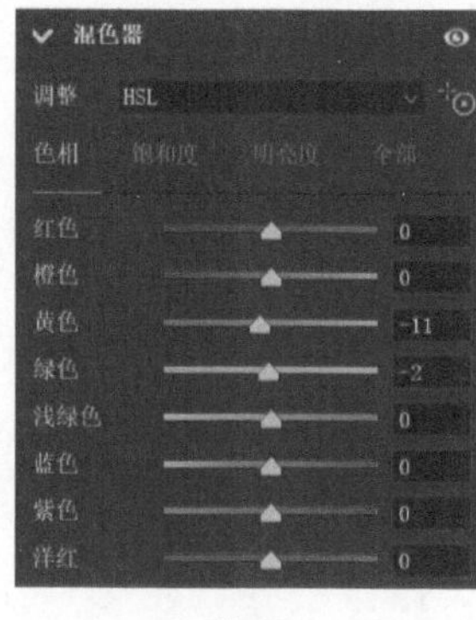

图 25-7

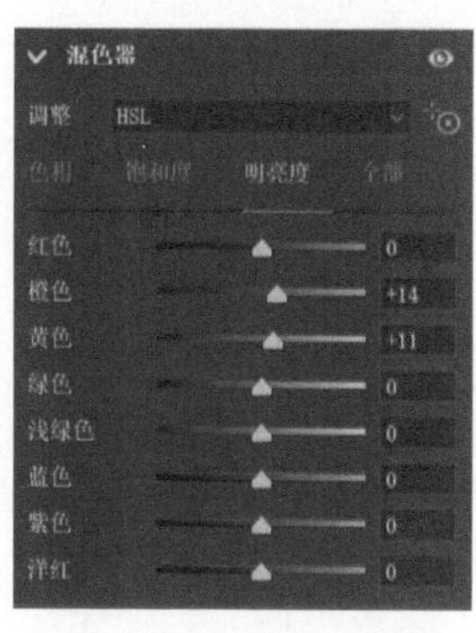

图 25-8

回到 Photoshop，将暖色调的图层隐藏，选中冷色调的图层，使用套索工具在冷色调的图层上画出不规则的要变成暖色调的选区，如图 25-9 所示。

图 25-9

将暖色调的图层显示出来，前景色选择黑色，为暖色调的图层添加蒙版，如图 25-10 所示。

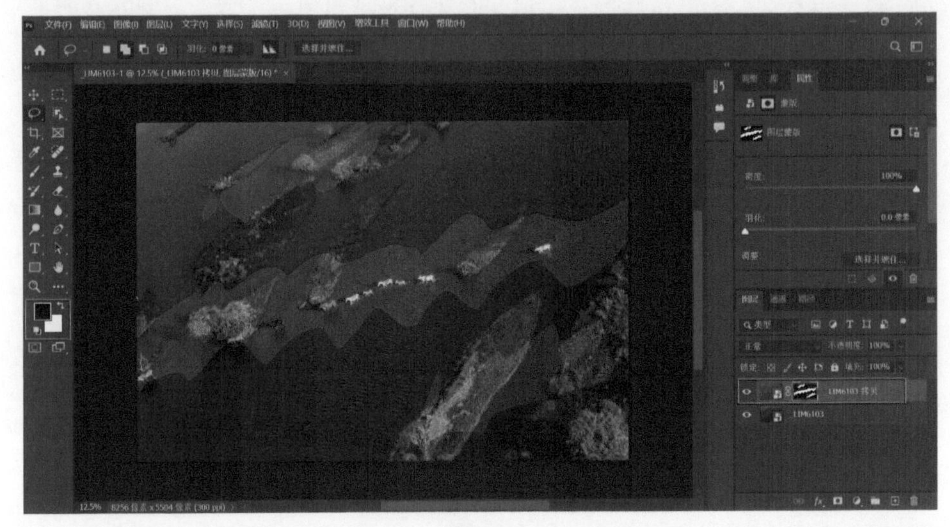

图 25-10

此时，会发现用套索工具画出的选区边缘过渡不自然，可以通过设置“羽化”的值来对选区的边缘进行调整，如图 25-11 所示。最后合并图层，进一步调节照片的色调和影调，对照片进行优化。

图 25-11

第 26 章　将建筑夜景渲染成黑金色效果

本章我们来学习如何将图 26-1 所示的建筑夜景渲染成图 26-2 所示的黑金色效果。

图 26-1

图 26-2

26.1　Adobe 风景模式的运用

将图片导入 Camera Raw 中，选择“自动”模式，对照片的影调和色调进行调整，选择“Adobe 风景”配置文件，如图 26-3 所示。

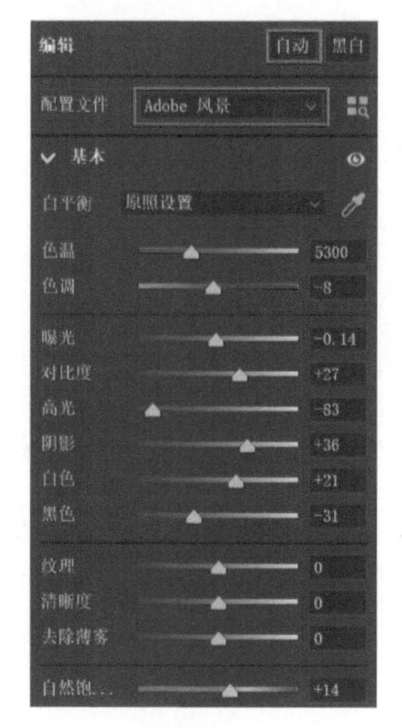

图 26-3

26.2　调整照片的 HSL

将照片打造成黑金色效果的核心是调整照片的 HSL，“H”指的是色相，“S”指的是饱和度，“L”指的是明亮度。将绿色、浅绿色、蓝色、紫色和洋红的明亮度和饱和度降至最低，如图 26-4 和 26-5 所示。

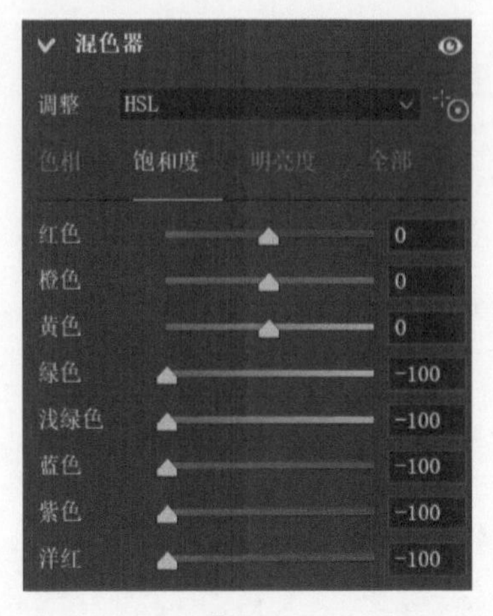

图 26-4

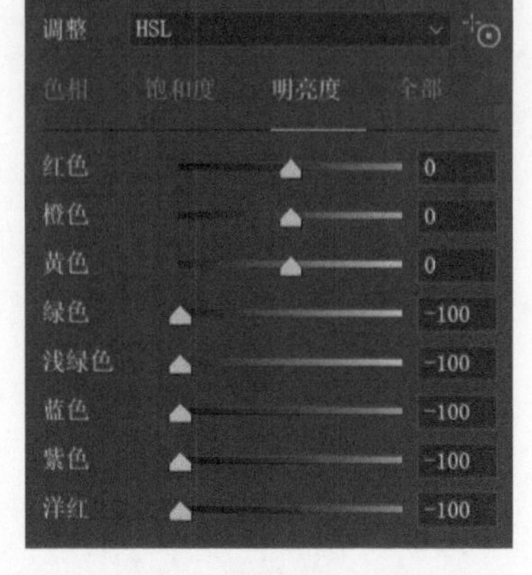

图 26-5

使用污点修复画笔工具对照片中的污点进行去除。水面和天空部分太亮，我们可以利用线性渐变对水面和天空进行压暗处理。通过裁剪工具对照片进行二次构图，对照片的水平线进行矫正。

将照片导入 Photoshop 中，复制图层，建立曲线蒙版图层，通过调整 RGB 曲线对照片的中间调进行处理，如图 26-6 所示。

图 26-6

高反差保留

单击“滤镜”菜单，选择“其它”—“高反差保留”命令，如图 26-7 所示，高反差保留的好处是只对线条进行锐化，设置“半径”为 1.0 像素，如图 26-8 所示，单击“确定”按钮。将混合模式改为“柔光”或者“叠加”，合并图层。

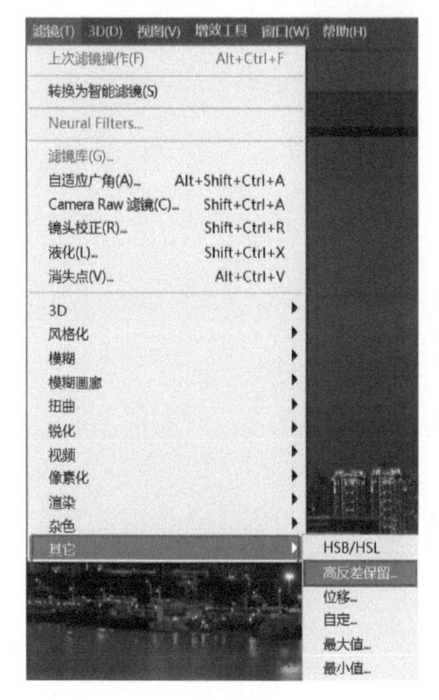

图 26-7

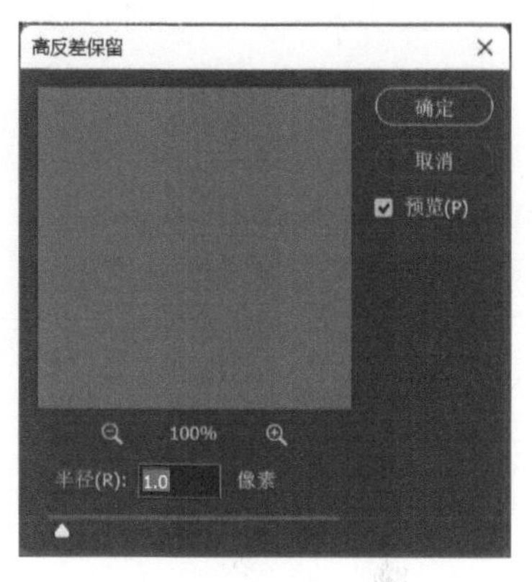

图 26-8

第 27 章　打造暗夜精灵效果

本章我们将学习如何为图 27-1 所示照片打造图 27-2 所示的黑夜精灵效果，同时复习一下智能对象的运用。前面我们已经学习了智能对象的冷暖对比，本章我们将学习智能对象的阴暗对比。

图 27-1

图 27-2

27.1　Adobe 风景模式的运用

将照片导入 Camera Raw 中，选择“Adobe 风景”配置文件，选择“自动”模式，大幅降低曝光，增加对比度，降低清晰度，色温调整为冷色调，同时降低饱和度，如图 27-3 所示。通过对曲线的调整，调整照片的中间调，如图 27-4 所示。

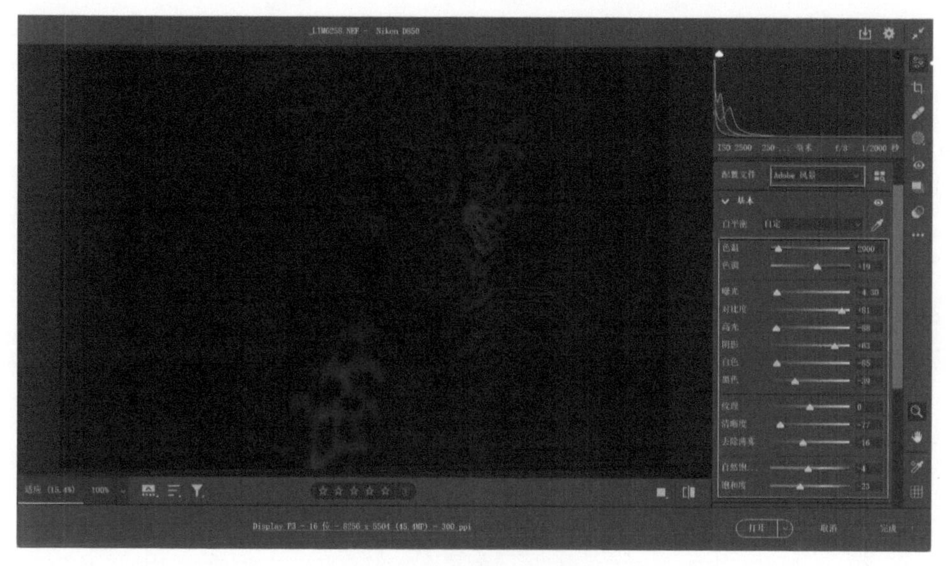

图 27-3

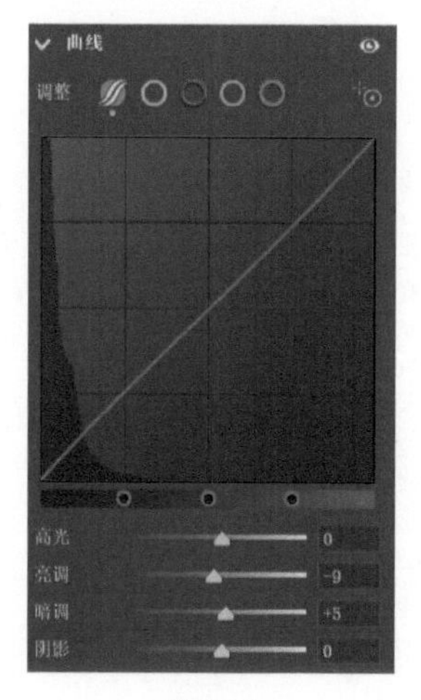

图 27-4

27.2 智能对象的运用

将照片以对象的形式打开转到 Photoshop 界面中，用鼠标右键单击“图层”面板中所选图层的空白处，选择“通过拷贝新建智能对象”命令复制图层，得到一个新的图层，单击图层右下角的缩略图，将这张照片导入 Camera Raw 中。接下来调整豹子眼睛比较亮的部分，减少曝光，色温往蓝色方向调，如图 27-5 所示。

图 27-5

单击“确定”按钮，回到 Photoshop 中，第一个图层是对豹子的眼睛进行调整，第二个图层用来对环境进行调整。前景色选择黑色，利用快速选择工具选择眼睛部分，如图 27-6 所示。选中眼睛部分之后，前景色选择黑色，添加蒙版，暗夜精灵效果基本完成。

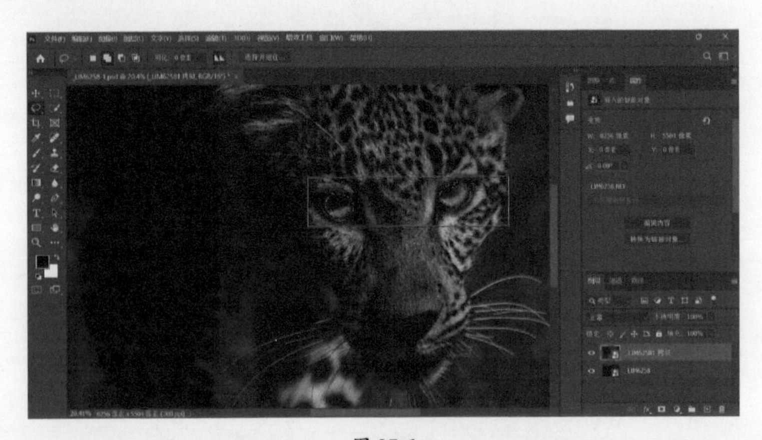

图 27-6

第 28 章　电影质感调整秘诀

本章来学习如何将照片调整为具有电影质感的摄影作品，照片调整前后的效果对比如图 28-1 和图 28-2 所示。

图 28-1

图 28-2

在学习如何制作电影质感前，我们先来学习如何将一张照片直接导入 Photoshop 或者 Camera Raw。单击“编辑”菜单，选择“首选项”—“Camera Raw”命令，选择“文件处理”。如果将照片直接导入 Photoshop 中，设置 JPEG 和 TIFF 分别为“禁用 JPEG 支持”和“禁用 TIFF 支持”，如图 28-3 所示。如果将照片直接导入 Camera Raw 中，设置 JPEG 和 TIFF 分别为“自动打开所有受支持的 JPEG”和“自动打开所有受支持的 TIFF”，如图 28-4 所示。

图 28-3

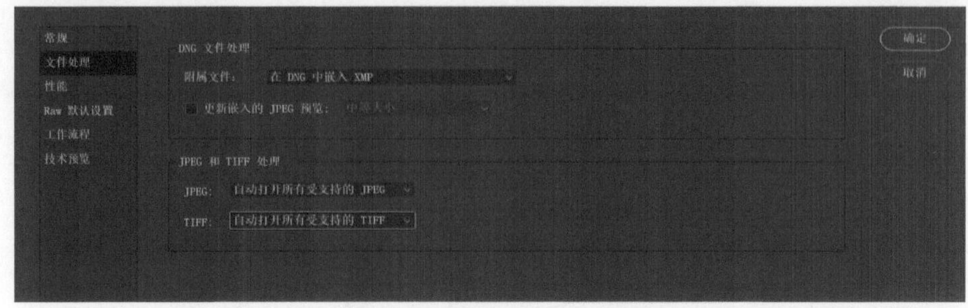

图 28-4

接下来，将照片导入 Photoshop 中，对照片进行调整。添加色阶蒙版图层，对阴影部分和高光部分进行调整，如图 28-5 所示。

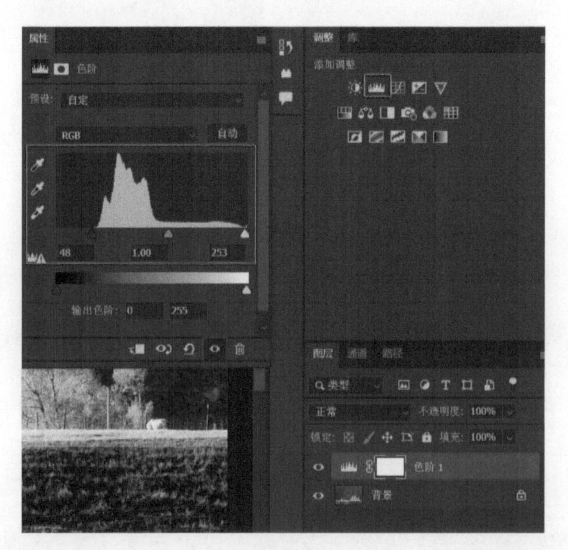

图 28-5

28.1 纯色蒙版的运用

选择背景图层，利用吸管工具选取主色调，单击“图层”面板右下方的“创建新的填充或调整图层”按钮，选择“纯色”命令，创建纯色蒙版图层，将颜色填充图层拖到色阶图层的上方，将混合模式改为“正片叠底”，如图 28-6 所示，适当调整“不透明度”和“填充”。

图 28-6

接下来，对高光部分进行处理。使用快速选择工具对高光部分进行选取，如图 28-7 所示。

图 28-7

创建一个曲线蒙版图层，将高光部分压暗，如图 28-8 所示，设置“羽化”为 6 像素，如图 28-9 所示，然后合并图层。

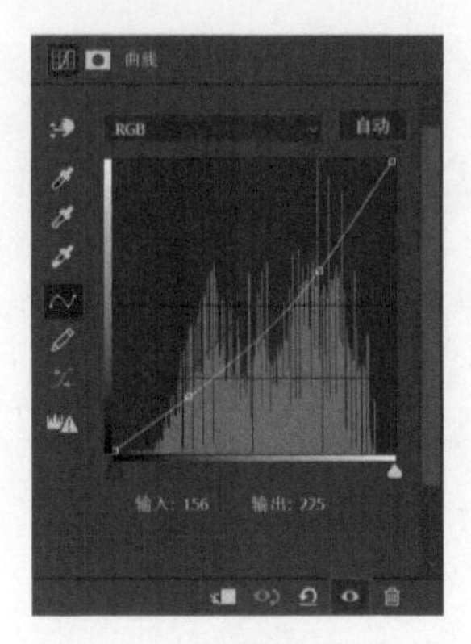

图 28-8

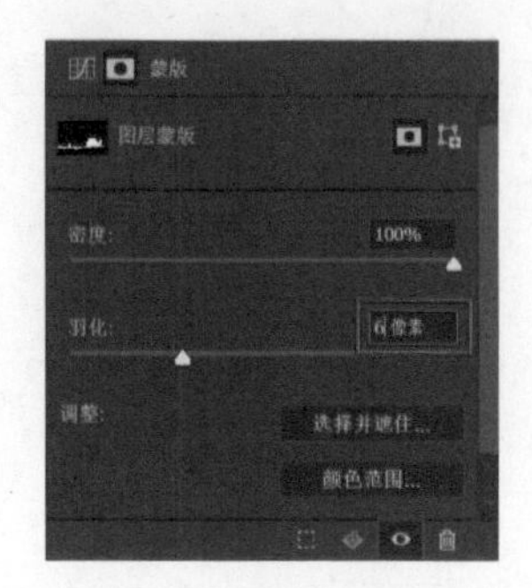

图 28-9

28.2 调整影调和色调

将照片导入 Camera Raw，对照片的影调和色调进行调整，使整体的色调偏黄，将色温向蓝色方向调整，增加饱和度、纹理和清晰度，如图 28-10 所示。

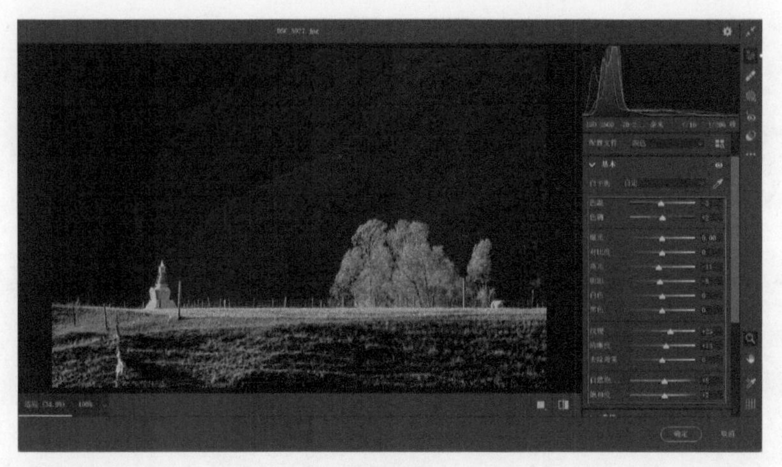

图 28-10

将照片导入 Photoshop 中，调整照片的锐度。按 Ctrl+J 组合键复制图层，选中新图层，单击“滤镜”菜单，选择“其它”—“高反差保留”命令，设置“半径”为 1.0 像素，单击“确定”按钮，将混合模式改为“柔光”或者“叠加”，最后合并所有图层。

第 29 章　制作油画效果

本章我们学习如何将图 29-1 所示照片打造成图 29-2 所示的油画效果。

图 29-1

图 29-2

对照片左上角空白的地方进行填充。选择套索工具，选中空白的地方，单击鼠标右键，选择“内容识别填充”命令，单击“确定”按钮，效果如图 29-3 所示。

图 29-3

29.1 调整影调和色调

将照片导入 Camera Raw，调整照片的影调和色调。增加自然饱和度，减小饱和度，通过色调曲线将中间调压暗，增加对比度，增加纹理和去除薄雾，减小清晰度，如图 29-4 所示。

图 29-4

29.2 调整照片的 HSL

接下来对人物主体进行处理，在“混色器”面板中调整“HSL”。调整色相，增加红色和洋红，如图 29-5 所示。调整明亮度，减少红色的明亮度，增加洋红的明亮度，如图 29-6 所示。

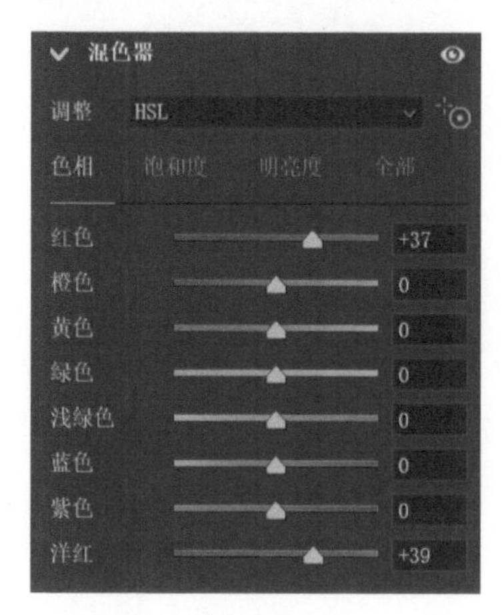

图 29-5

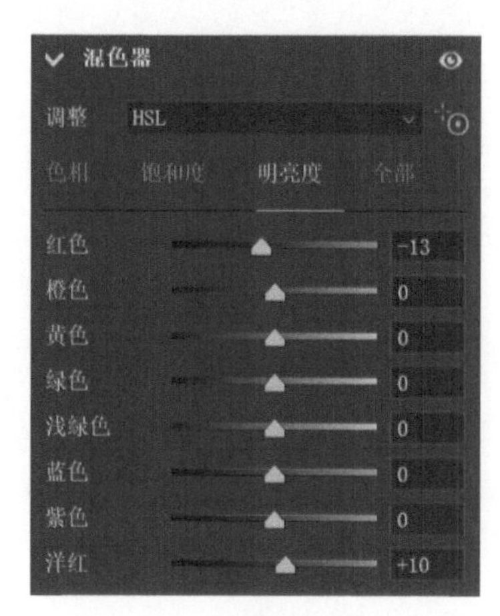

图 29-6

29.3 画笔工具的使用

将照片导入 Photoshop 中，复制图层，单击“滤镜”菜单，选择“风格化”—“Oil Paint”命令，适当调整“描边样式”“描边清洁度”“缩放”“硬毛刷细节”滑块，“缩放”一般调整为 1.0 左右，“硬毛刷细节”一般调整到最大，如图 29-7 所示，单击“确定”按钮。

添加蒙版，选择画笔工具，前景色选择黑色，调整“不透明度”“流量”“平滑”滑块，用画笔擦拭照片中油画效果较强的部分，如图 29-8 所示。

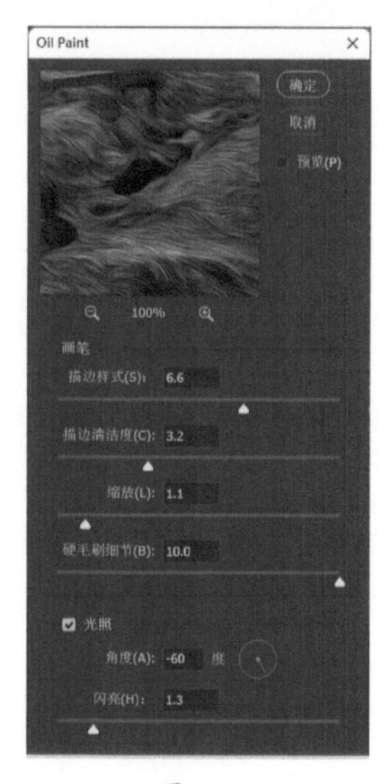

图 29-7

图 29-8

创建曲线蒙版图层，将混合模式改为“柔光”，调整整体影调，如图 29-9 所示，合并图层。

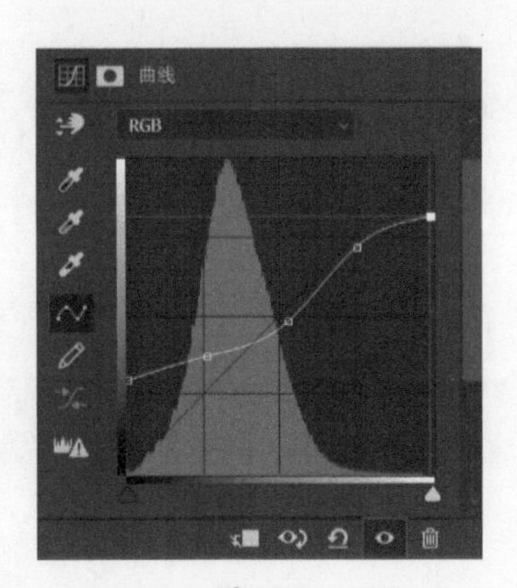

图 29-9

第 30 章　打造落日余晖氛围

本章我们将学习如何为图 30-1 所示照片打造图 30-2 所示的落日余晖氛围。

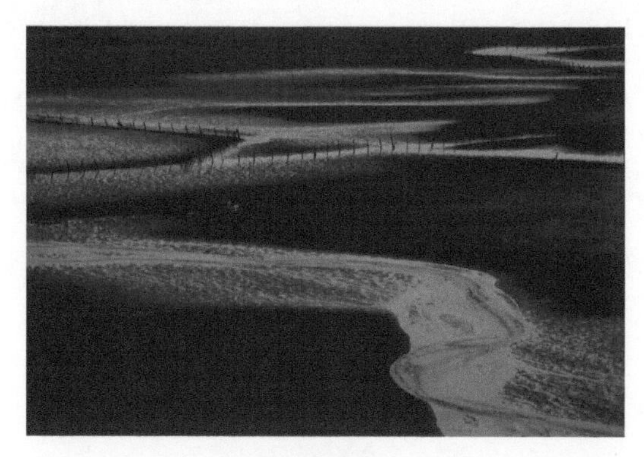

图 30-1

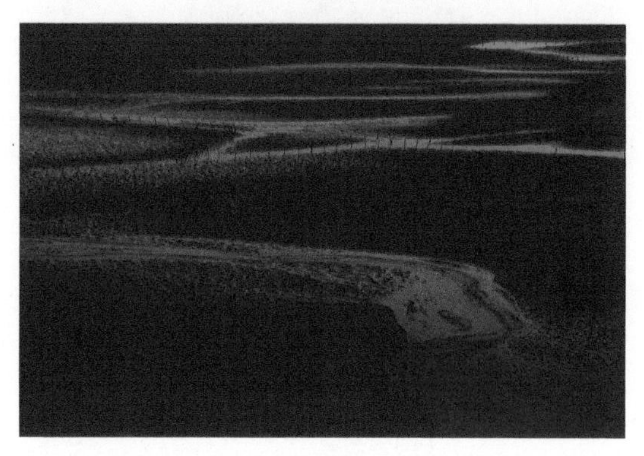

图 30-2

30.1　调整影调和色调

将照片导入 Camera Raw 中，选择“自动”模式，增加对比度、高光、阴影、去除薄雾和纹理，如图 30-3 所示。

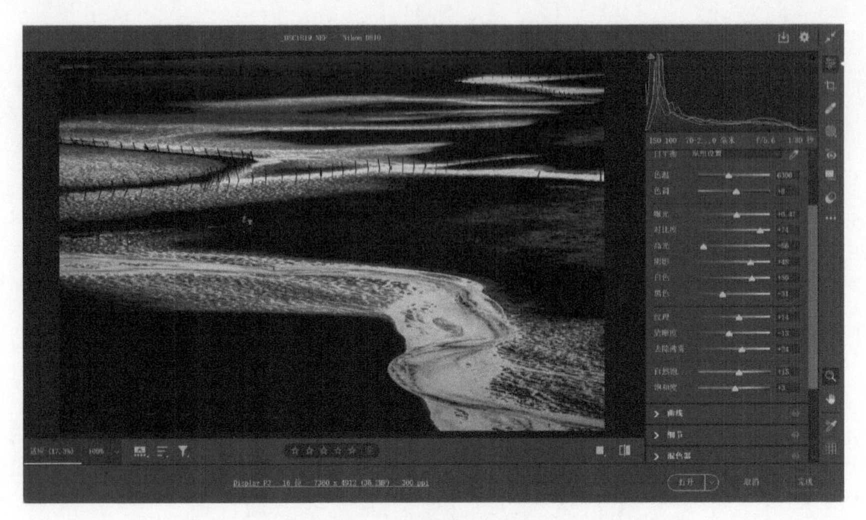

图 30-3

利用色调曲线对中间调进行调整，将中间调部分适当压暗，如图 30-4 所示。

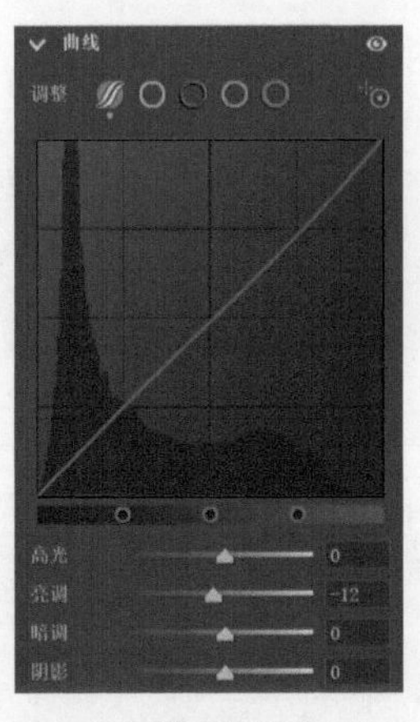

图 30-4

30.2 颜色分级的运用

调整颜色分级，对高光和阴影部分进行调整。高光部分渲染为暖色调，色相调至橙色位置，增加饱和度，如图 30-5 所示；阴影部分渲染为冷色调，色相调至蓝色位置，增加饱和度，如图 30-6 所示。

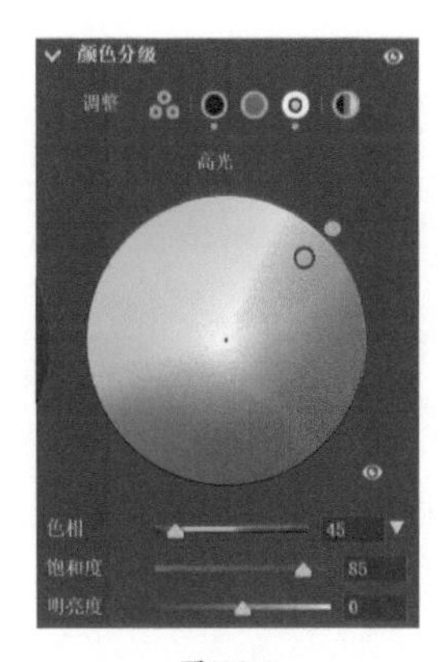

图 30-5

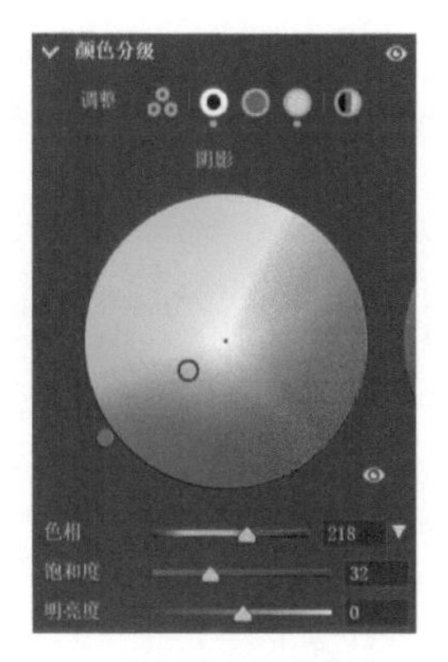

图 30-6

30.3 渐变蒙版的使用

将照片导入 Photoshop 中，接下来通过添加渐变填充初步打造落日余晖效果。在背景图层上创建一个渐变蒙版图层，弹出“渐变填充”对话框，“渐变”选择一个冷暖对比的渐变，“样式”选择“线性”，角度适当调整，如图 30-7 所示。这里的“缩放”是指红色作为中间过渡部分所占画面的比例，进行适当的调整即可，调整好后单击“确定”按钮。

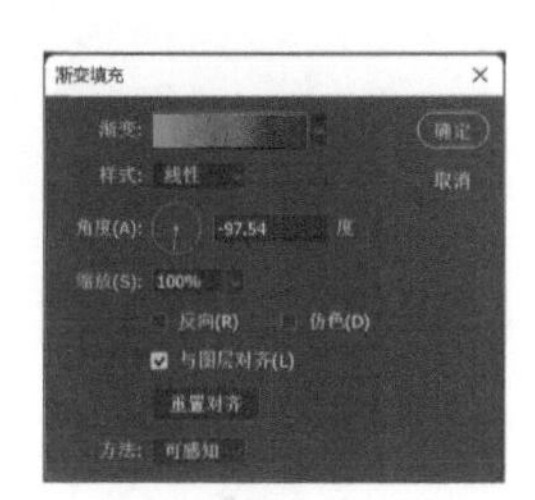

图 30-7

选中渐变填充图层，将混合模式改成“正片叠底”，如图 30-8 所示，落日余晖效果初步形成。

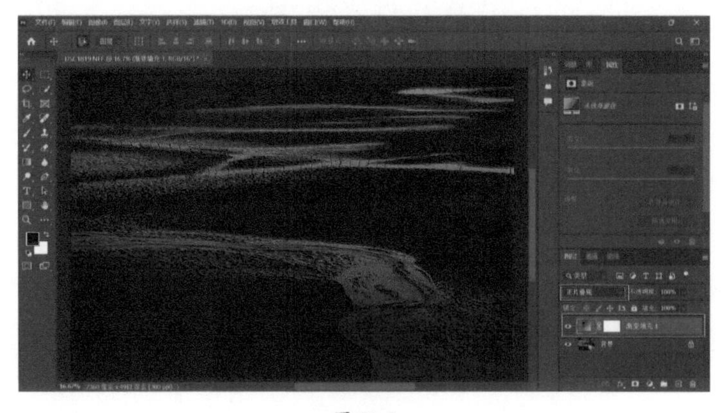

图 30-8

接下来优化细节部分，调整“可选颜色”使照片颜色过渡更加自然，如图30-9和图30-10所示。

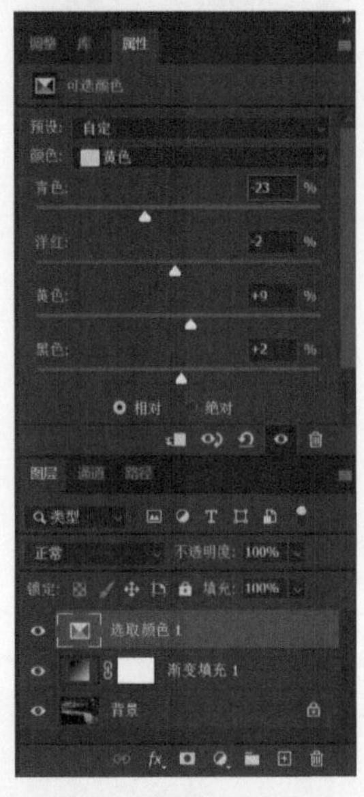

图 30-9

图 30-10

对影调部分进行调整，创建曲线蒙版图层，将混合模式改为“柔光”，对曲线进行调整，如图30-11所示。

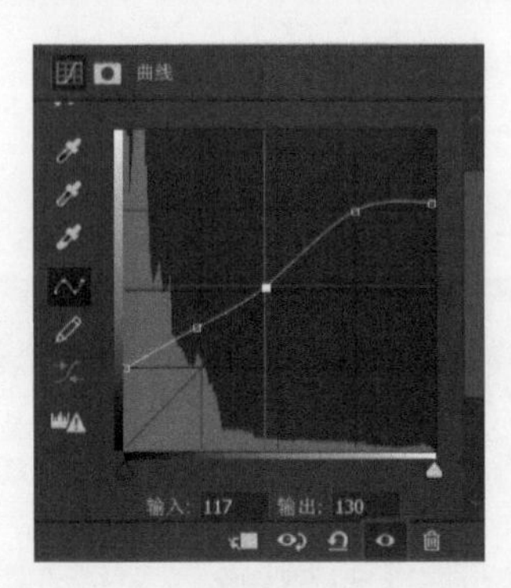

图 30-11

如果觉得照片暗的地方需要处理，可以选择渐变工具，前景色选择黑色，渐变选择“前景色到透明渐变”，适当调整不透明度，对需要处理的地方进行恢复。

第 31 章　照片光束增强的技巧

本章讲解如何把照片上的一束光强化得更具艺术感，照片调整前后的效果对比如图 31-1 和图 31-2 所示。

图 31-1

图 31-2

首先导入照片，然后选择裁剪工具，如图 31-3 所示，对照片做适当的裁剪。

图 31-3

根据光束的方向做斜线黄金分割构图，如图 31-4 所示，将不需要的部分裁掉，按 Enter 键确认裁剪。

图 31-4

选择“自动”模式，将对比度做进一步的强化，将高光部分压暗，阴影部分也可以适当压暗，如图 31-5 所示。

图 31-5

做完简单的影调调整后，接下来对色调进行处理。因为照射进来的阳光是暖色调的，所以阳光的颜色是偏金黄色的。调节“色温”参数，减少蓝色，增加黄色。调节“色调”参数，如图 31-6 所示，强化阳光的色调。

图 31-6

按 Ctrl+- 组合键将画面缩小，如图 31-7 所示，然后对光束做进一步的强化。

图 31-7

为了强化光束，要将除光束外的环境压暗。选择径向渐变工具，在画面中间拖出一个椭圆形，拖动椭圆形上的 4 个点可以调整椭圆形的大小，如图 31-8 所示。

图 31-8

鼠标右键单击蒙版，选择“反相蒙版”，如图 31-9 所示。

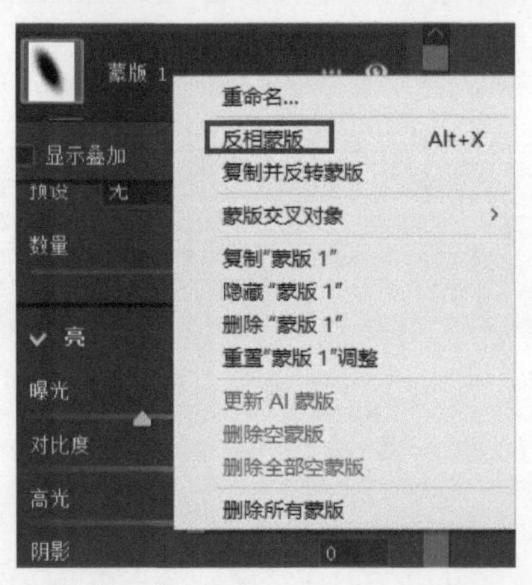

图 31-9

调低“曝光”“高光”“对比度”参数，照片暗部被压暗后色彩会加深，这时候可以通过调节“色温”参数增加黄色，如图 31-10 所示。

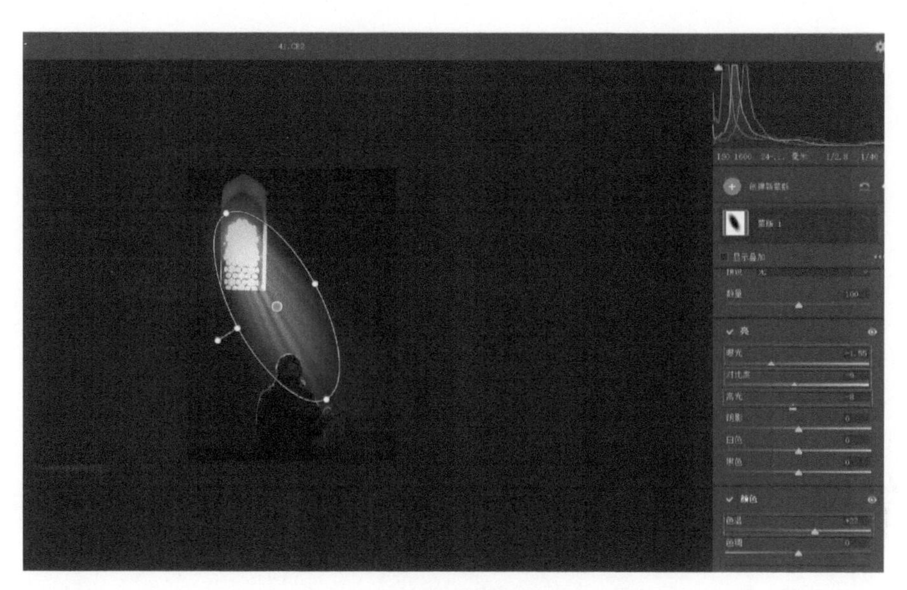

图 31-10

单击“编辑”，回到“基本”面板，对调整后的画面进行细节强化。通过对“纹理”和“去除薄雾”参数的调整，使光束更加清晰，同时还可以适当追加自然饱和度，如图 31-11 所示。

图 31-11

放大照片，可以看到暗部有很多噪点，如图 31-12 所示。

图 31-12

展开“细节”面板，调节“蒙版”的值使噪点减弱，如图 31-13 所示。

图 31-13

在 Camera Raw 中对照片的处理基本上就算完成了，但照片还不够完美。将照片导入 Photoshop 中，继续强化光束。可以利用通道做选区，“通道”面板中有“红”“绿”“蓝”通道，选中“红”通道，然后按住 Ctrl 键的同时单击“红”通道，就可以将照片上的高光部分选取出来，照片上虚线圈中的部分就是选区，如图 31-14 所示。然后选中“RGB”通道，回到“图层”面板。

图 31-14

单击“调整”，建立新的曲线调整图层，如图 31-15 所示，对高光部分进一步强化。

将混合模式改为“叠加”，如图 31-16 所示，这时就可以看到高光部分被强化了，线条变得更加突出了。

图 31-15

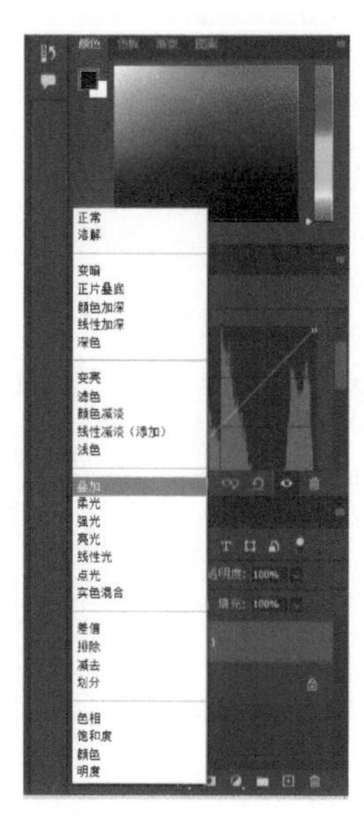

图 31-16

调整曲线，增加对比度，如图 31-17 所示，使光束的效果更好。

图 31-17

用套索工具选择人脸部分，如图 31-18 所示。然后选择蒙版，增大“羽化”的值将人脸部分提亮，如图 31-19 所示。

图 31-18

图 31-19

如果觉得高光太亮，可以通过调整“不透明度”和“填充”做适当的减弱，然后建立一个新的曲线调整图层，对照片整体的对比度做调整，如图 31-20 所示，使照片更加通透。

图 31-20

第 32 章　人文银灰色调制作

本章讲解当下非常流行的人文银灰色调的制作技巧。人文银灰色调很适合具有岁月沧桑感的人像的特写，比如年龄比较大的老人的面部特写。将图 32-1 所示照片调整为人文银灰色调，要求有质感、厚重感和岁月沧桑感，调整后的效果如图 32-2 所示。

图 32-1

图 32-2

32.1　快速选中高光部分

将照片导入 Photoshop，如图 32-3 所示。

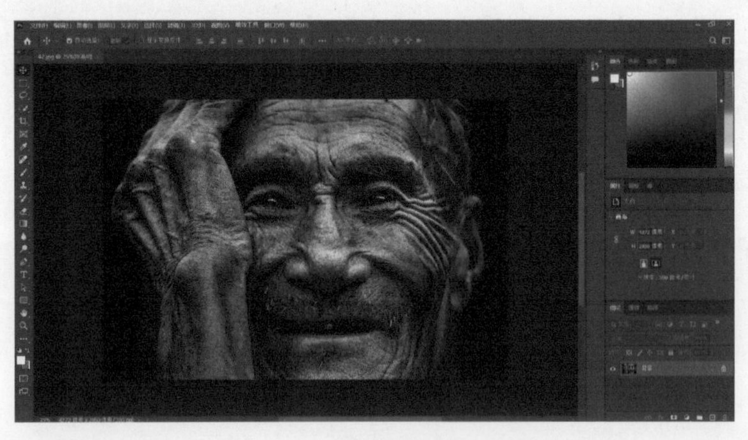

图 32-3

可以利用通道选择高光部分，切换至“通道”面板，选择“红”通道，按住 Ctrl 键的同时单击“红”通道，高光部分就会被选中，然后单击“RGB”通道，图片就会回到原来的色彩，如图 32-4 所示，最后单击“图层”，返回“图层”面板，如图 32-5 所示。

图 32-4

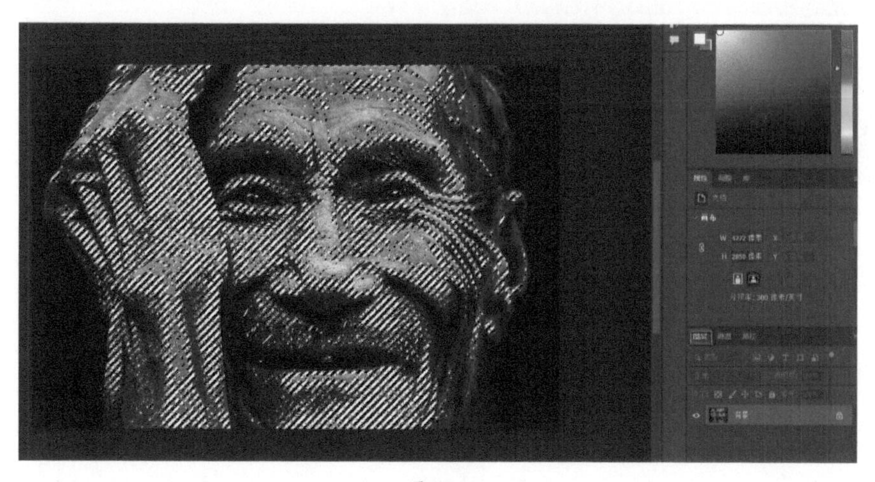

图 32-5

32.2　填充高光选区打造光影感

创建渐变蒙版图层，如图 32-6 所示，会弹出“渐变填充”对话框。

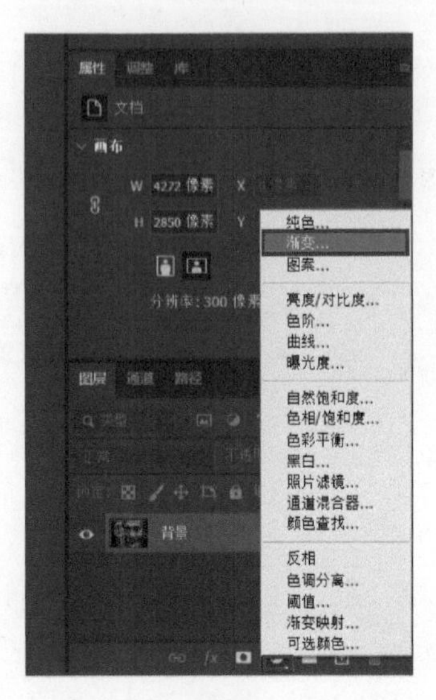

图 32-6

“样式”选择“线性”，在做“渐变”的选择之前，我们要将前景色调成白色、背景色调成黑色。然后单击“渐变”，在渐变编辑器中设置“名称”为“前景色到透明渐变”，如图 32-7 所示，设置好后单击“确定”按钮。

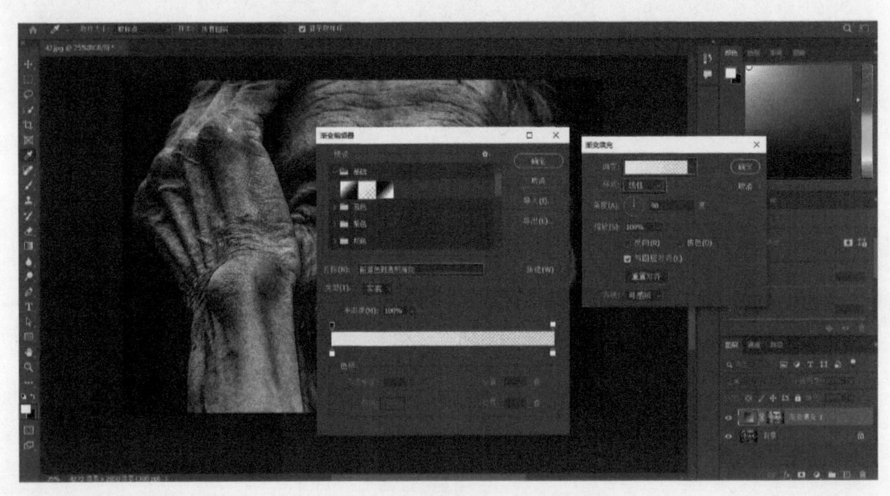

图 32-7

在“渐变填充”对话框中调整“角度”和“缩放”，如图 32-8 所示，肉眼判断填充是否均匀。如果发现亮度不够，可以按 Ctrl+J 组合键复制刚才做好的图层，这时照片就会呈现出我们预想的人文银灰色调了，如图 32-9 所示。

图 32-8

图 32-9

32.3　调整影调和色调

观察直方图，可以发现暗部没有扩展开，创建色阶调整图层，如图 32-10 所示，对色阶做适当的调整，如图 32-11 所示，使直方图的暗部扩展开。

图 32-10

图 32-11

然后创建曲线蒙版图层，将对比度适当加强，如图 32-12 所示。注意对比度加强的同时，饱和度也在增加，所以我们要降低饱和度。创建色相 / 饱和度蒙版图层，对人物面部的红色进行饱和度的降低，适当提升明度，如图 32-13 所示。

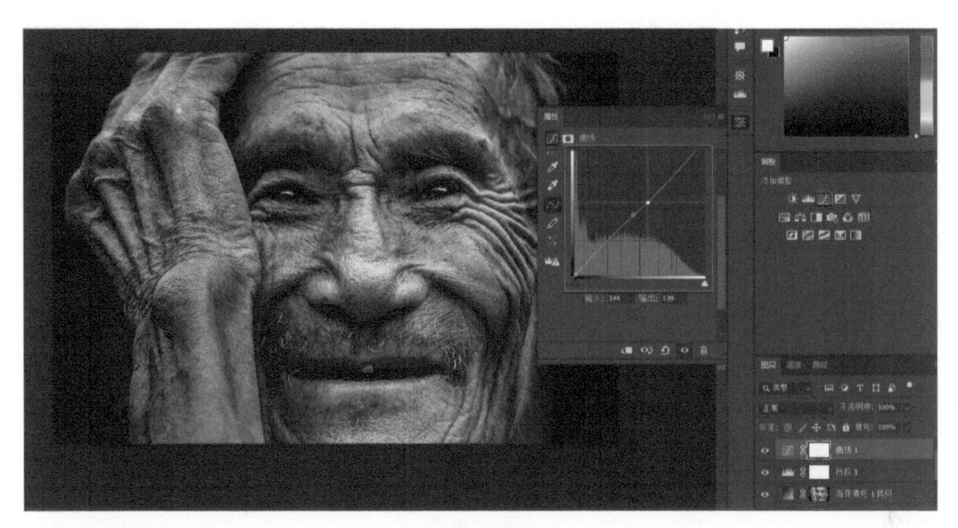

图 32-12

图 32-13

再创建一个曲线蒙版图层，做出大的暗角，将人物四周压暗，突出人物，如图 32-14 所示。

将前景色切换成黑色，选择渐变工具，选择径向渐变，将过亮的部分还原，如图 32-15 所示。

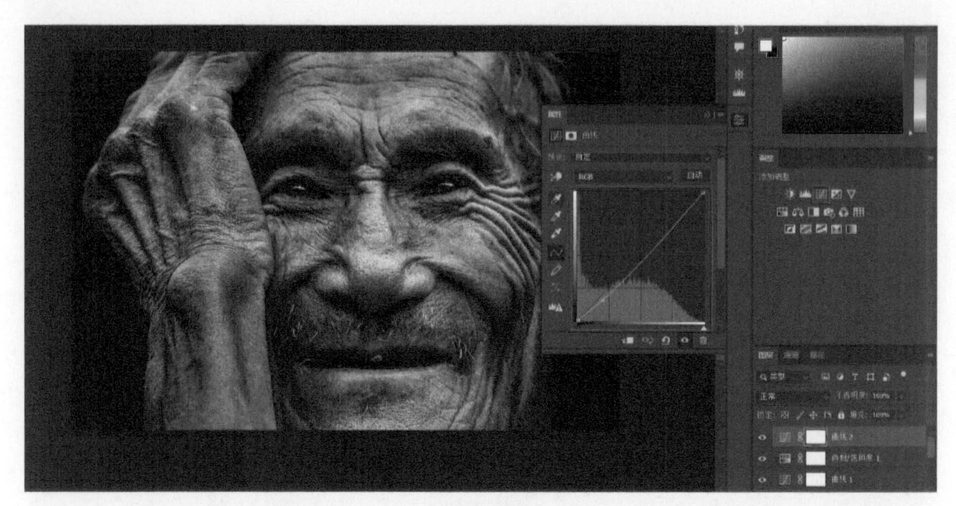

图 32-14

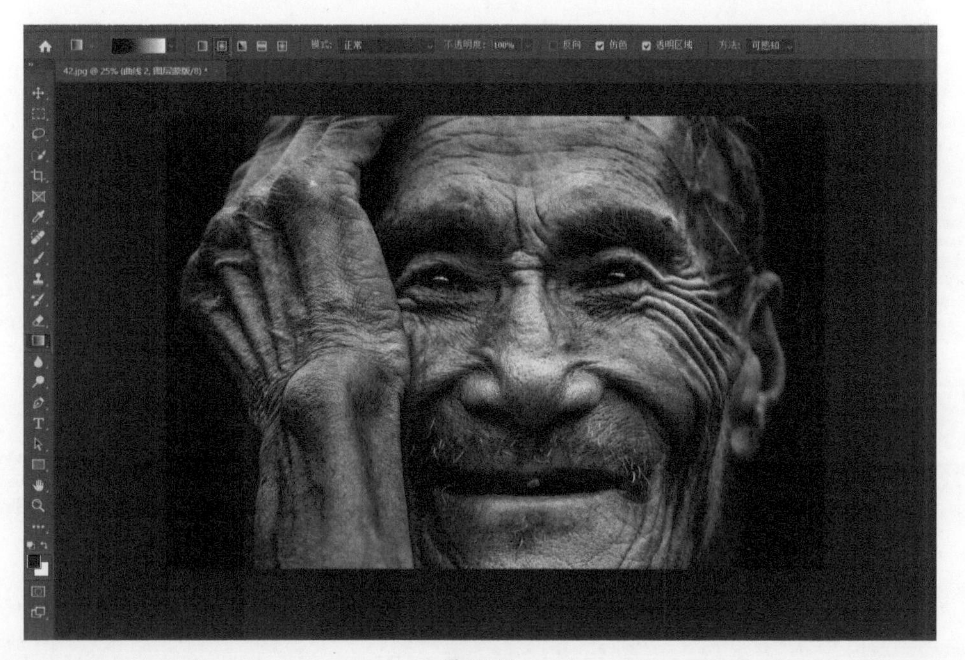

图 32-15

第 33 章　打造版画效果

本章讲解如何把照片渲染成版画效果，照片调整前后的效果对比如图 33-1 和图 33-2 所示。

图 33-1

图 33-2

将照片导入 Camera Raw 中，如图 33-3 所示。

图 33-3

单击“自动”，照片中的绿色区域要去掉，以统一照片颜色，展开“混色器”面板，“调整”选择“HSL”，单击“色相”，找到“浅绿色”，将滑块往背景的蓝色方向进行调整，如图 33-4 所示。

图 33-4

然后单击“饱和度”，将浅绿色的饱和度进行适当的减弱，如图 33-5 所示。最后单击“明亮度”，对浅绿色的明亮度做适当的减弱，如图 33-6 所示。

图 33-5

图 33-6

展开“曲线”面板，增强亮调，减弱暗调，使整个画面更有层次感，如图 33-7 所示。然后展开“基本”面板，调整一下高光，如图 33-8 所示。

图 33-7

图 33-8

将照片导入 Photoshop 中。切换至“通道”面板，选中“红”通道，然后按住 Ctrl 键的同时单击它就可以选中画面中的红色高光部分，如图 33-9 所示。按 Ctrl+Alt 组合键，单击“蓝”通道，就可以实现红色通道选区减去蓝色通道选区，从而得到柿子选区，如图 33-10 所示。

图 33-9

图 33-10

单击 RGB 通道，照片就会回到原来的色彩，然后单击“图层”，回到“图层”面板，如图 33-11 所示。按 Ctrl+Shift+I 组合键做选区的反选，得到除柿子以外的选区，如图 33-12 所示。

图 33-11

图 33-12

单击“创建新的填充或调整图层”按钮，选择“纯色”命令，如图 33-13 所示，创建一个纯色蒙版图层，会弹出“拾色器（纯色）”对话框，选择偏暖色调的颜色，如图 33-14 所示，单击“确定”按钮。

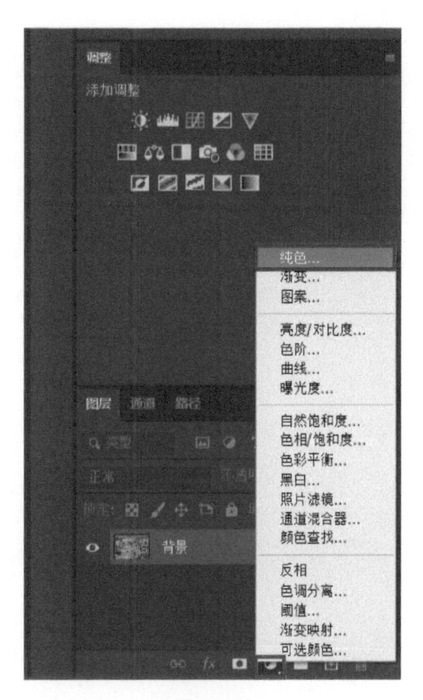

图 33-13

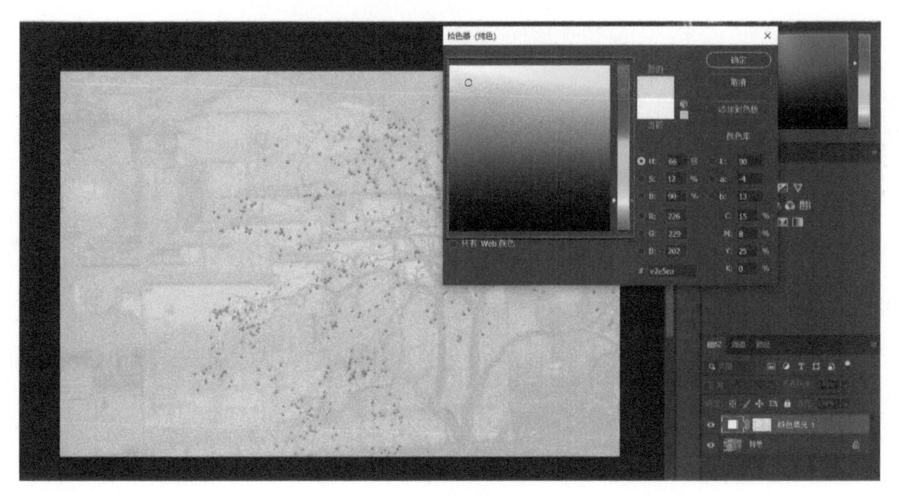

图 33-14

先将图层进行合并，然后按 Ctrl+J 组合键复制图层，单击菜单栏中的“滤镜”，选择“风格化”—“查找边缘”命令，整个图片的边缘都会出现，如图 33-15 所示。

单击菜单栏中的"滤镜"，选择"风格化"→"查找边缘"命令，如图 33-15 所示。

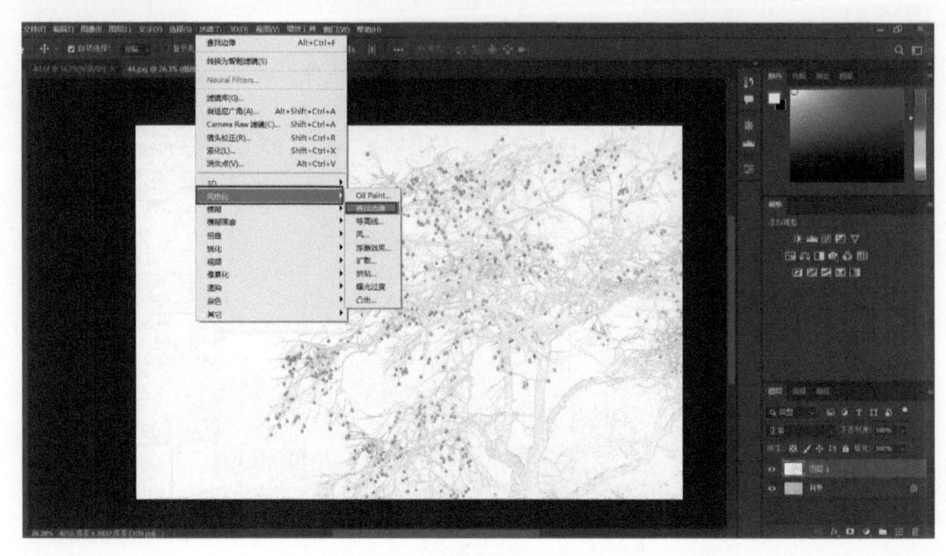

图 33-15

调整"不透明度"和"填充"，如图 33-16 所示，得到需要的效果后将图层合并。

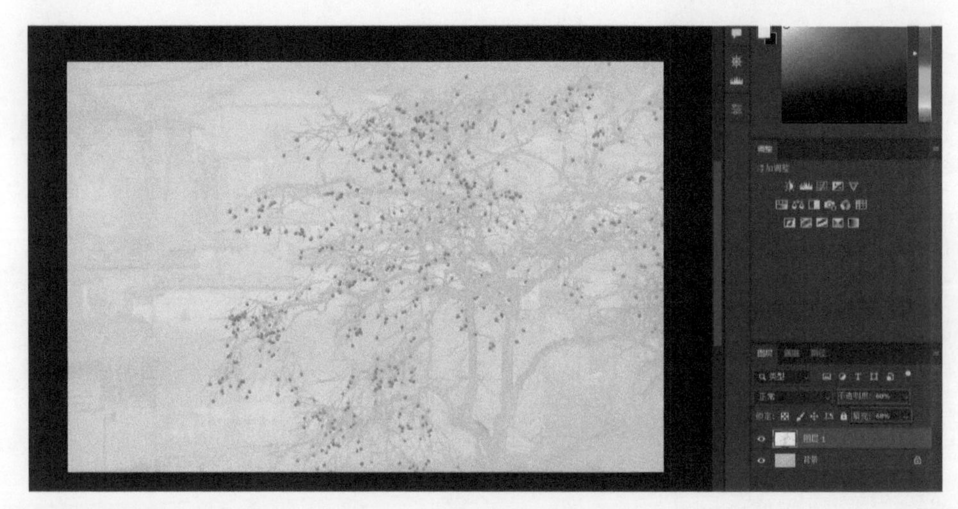

图 33-16

单击菜单栏中的"滤镜"，选择"Camera Raw 滤镜"命令，如图 33-17 所示。

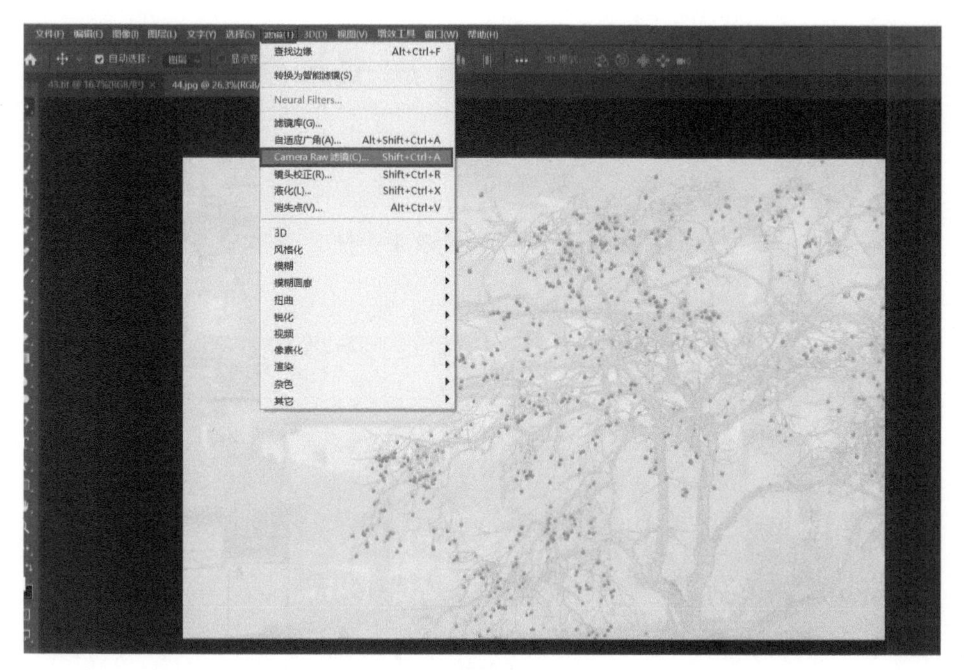

图 33-17

进一步处理照片细节，适当增加纹理、清晰度、去除薄雾和自然饱和度，如图 33-18 所示，这样照片的版画效果就打造好了。

图 33-18

第 34 章　增添动感和甜蜜效果的技巧

本章讲解如何为照片增添动感和甜蜜效果，照片调整前后的效果对比如图 34-1 和图 34-2 所示。

图 34-1

图 34-2

34.1　调整影调和色调

将照片导入 Camera Raw 中，调整照片的影调和色调。单击“自动”，调节“曝光”“阴影”“黑色”“清晰度”等参数，如图 34-3 所示。通过色调曲线调整中间调的对比度，如图 34-4 所示。

图 34-3

图 34-4

放大照片后可以看到较多的噪点，展开“细节”面板，通过降低“明亮度”的值去除噪点，并且可以适当提高“蒙版”的值，如图 34-5 所示。在照片上单击鼠标右键，选择“符合视图大小”命令使照片回到原始视图状态。

图 34-5

单击“打开”按钮，将照片导入 Photoshop 中，如图 34-6 所示。按 Ctrl+J 组合键复制图层，单击吸管工具，选择照片里的白色作为前景色。

选择画笔工具，“模式”改成“正常”，并调节“不透明度”“流量”“平滑”参数，如图 34-7 所示，通过 { 键和 } 键控制画笔工具的大小，然后用画笔工具擦拭掉杂色。

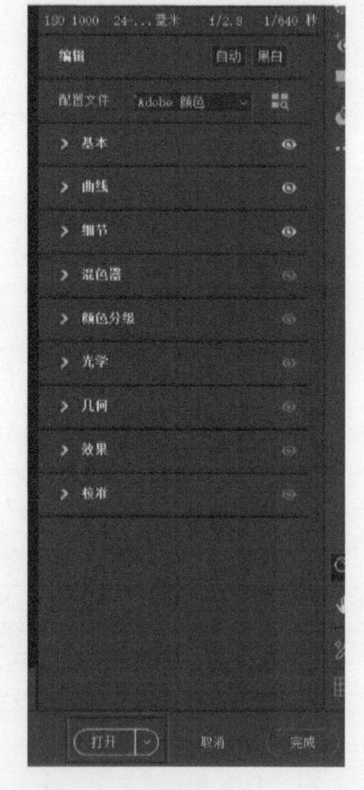

图 34-6

图 34-7

如果擦拭过度，可以按 Ctrl+Z 组合键还原，擦拭后的效果如图 34-8 所示。

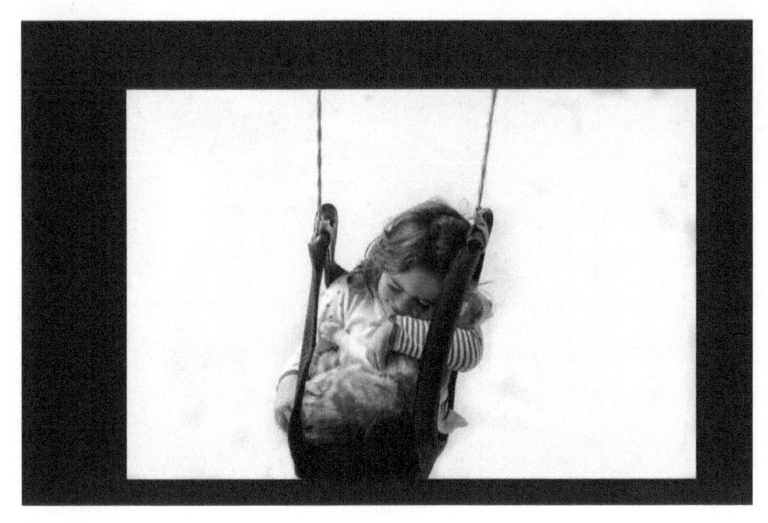

图 34-8

用纯色蒙版图层营造氛围

创建一个纯色蒙版图层，如图 34-9 所示，然后用拾色器选取合适的颜色，如图 34-10 所示。

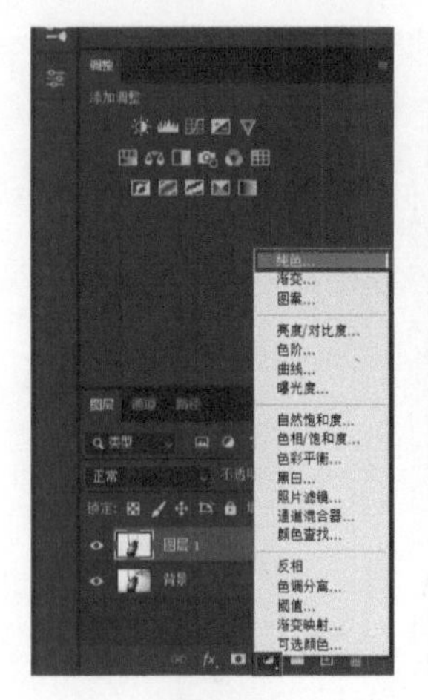

图 34-9

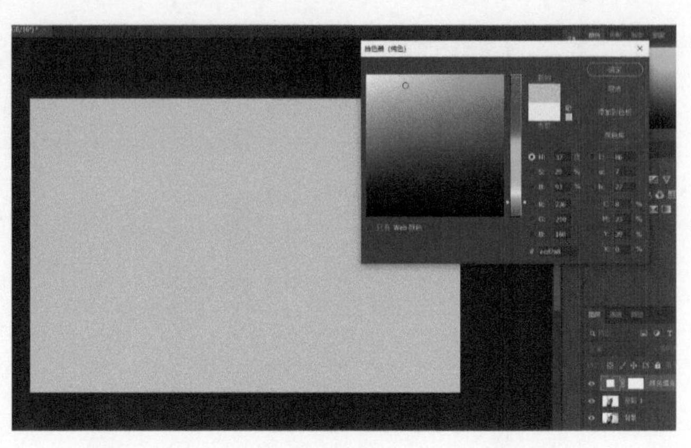

图 34-10

将混合模式改为“正片叠底”，如图 34-11 所示，然后将所有图层合并，按 Ctrl+J 组合键复制合并得到的图层。

图 34-11

34.2 使用路径模糊打造动感效果

在菜单栏中单击“滤镜”，选择“模糊画廊”—“路径模糊”命令，如图 34-12 所示。

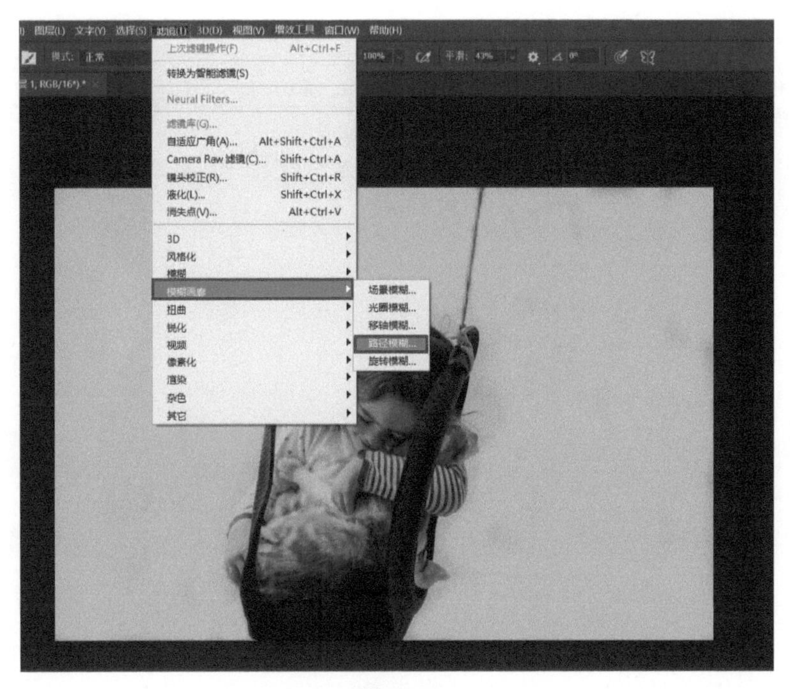

图 34-12

两端的点分别代表开始和结束，可以通过中间的点进行拉伸。我们可以通过肉眼观察到整个摇摆的路径和摇摆的速度，在右边还可以控制摇摆的速度，如图 34-13 所示。

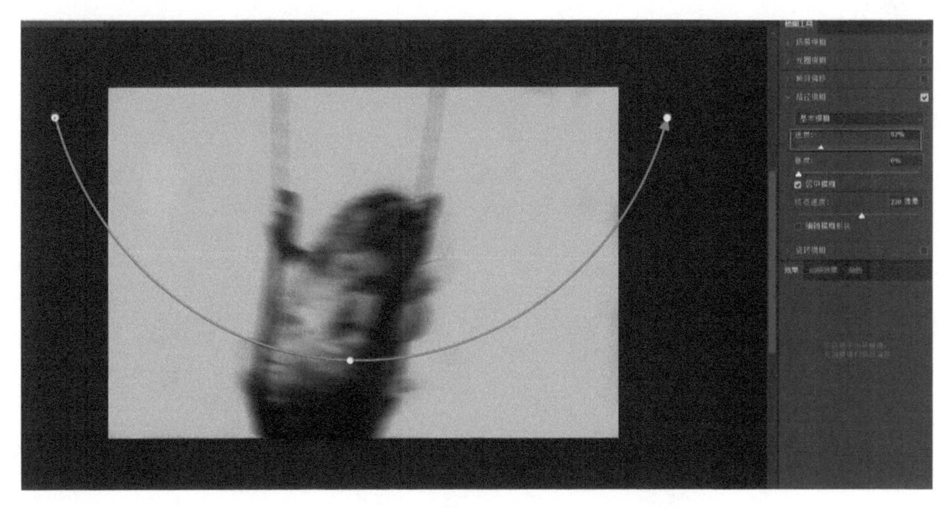

图 34-13

调整好后单击“确定”按钮，动感效果就出来了，如图 34-14 所示。

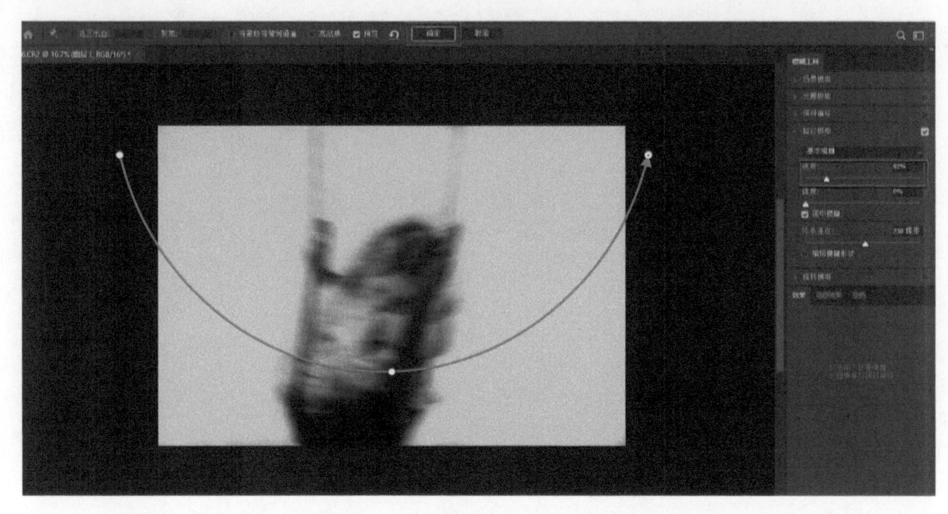

图 34-14

如果想在照片上看到人脸，就要在虚化过的图层上再加一个蒙版，将前景色改为黑色，选择画笔工具，调整“流量”和“不透明度”，将画笔稍微调大，然后擦拭人脸，如图 34-15 所示。

图 34-15

第 35 章　打造柔美暖色调

本章讲解如何把照片渲染成柔美暖色调，照片调整前后的效果对比如图 35-1 和图 35-2 所示。

图 35-1

图 35-2

先导入照片至 Camera Raw 中，如图 35-3 所示，然后使用裁剪工具对照片进行二次构图，如图 35-4 所示，将多余的部分裁掉，按 Enter 键确定裁剪。

图 35-3

图 35-4

单击“自动”，通过调整参数对照片进行初步的影调和色调处理，最主要的是大幅降低清晰度，让照片更加朦胧；大幅降低去除薄雾，使照片色调更暖。至此，照片的柔美暖色调效果就初步形成了，如图 35-5 所示。

图 35-5

单击“打开”按钮，将照片导入 Photoshop 中，可以发现照片的意境已经渲染出来了。为了使这张照片既朦胧又有层次感，按 Ctrl+J 组合键复制图层，然后在菜单栏中单击“滤镜”，选择“其它”—“高反差保留”命令，如图 35-6 所示。

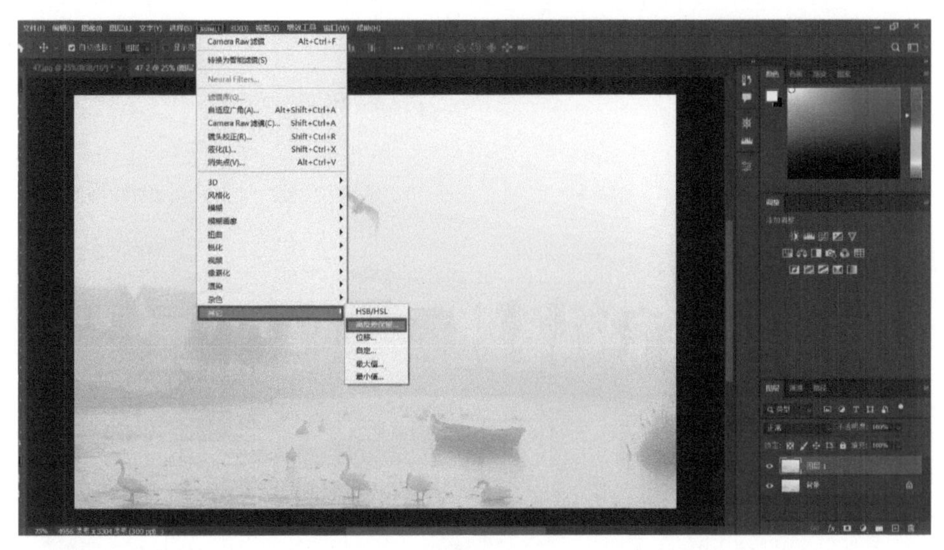

图 35-6

在“高反差保留”对话框中，将“半径”设置为10.0像素，如图35-7所示。

图 35-7

混合模式选择“颜色加深”，如图35-8所示，可以看到整张照片的层次感就体现出来了，将可见图层进行合并。

图 35-8

选择“滤镜”菜单中的“Camera Raw 滤镜”命令，将照片导入 Camera Raw 中，对阴影、色温、色调、饱和度做细微的调整，最后单击“确定”按钮保存效果，如图 35-9 所示。

图 35-9

第 36 章　秋意浓艺术效果的实现

本章讲解如何让照片整体呈现出秋意浓的艺术效果，照片调整前后的效果对比如图 36-1 和图 36-2 所示。

图 36-1

图 36-2

36.1　RGB 颜色模式到 Lab 颜色模式的转换

将照片导入 Photoshop 中，如图 36-3 所示。

图 36-3

单击菜单栏中的“图像”，选择“模式”—“Lab 颜色”命令，如图 36-4 所示。

图 36-4

L 指的是明度，即照片整体的明暗程度，如图 36-5 所示。

图 36-5

a 指的是从洋红到青色，如图 36-6 所示。

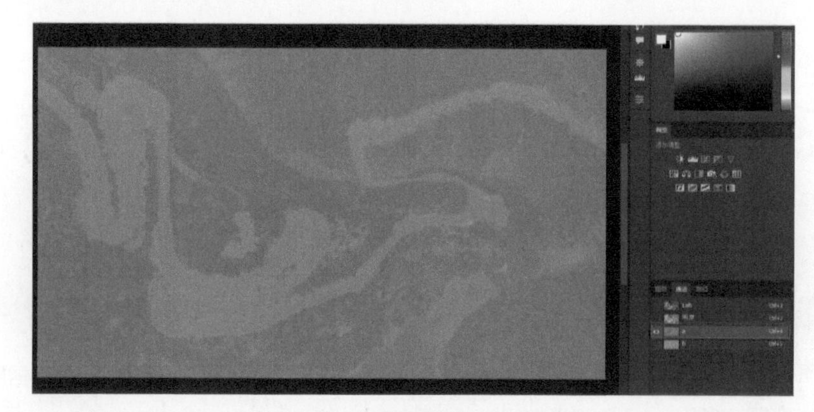

图 36-6

b 指的是从蓝色到黄色，如图 36-7 所示。

图 36-7

切换至“通道”面板，按 Ctrl+A 组合键将“a”通道选取出来，如果出现蚂蚁线，则说明我们将这个通道选中了，如图 36-8 所示。

图 36-8

然后按 Ctrl+C 组合键复制“a”通道，按 Ctrl+V 组合键将其粘贴到“b”通道，如图 36-9 所示。

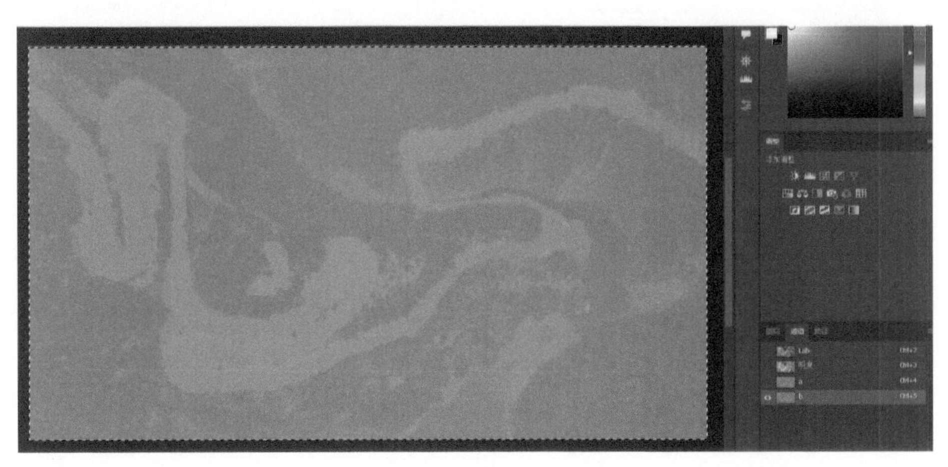

图 36-9

单击“Lab”通道，照片中的颜色称为阿宝色，如图 36-10 所示，将“a”通道复制到“b”通道就会出现阿宝色，将“b”通道复制到“a”通道则是金秋的颜色，如图 36-11 所示。

图 36-10

图 36-11

36.2 增加阴影部分的层次感

回到“图层”面板，按 Ctrl+J 组合键复制背景图层，然后创建色阶蒙版图层，使阴影部分的层次更丰富，如图 36-12 所示。

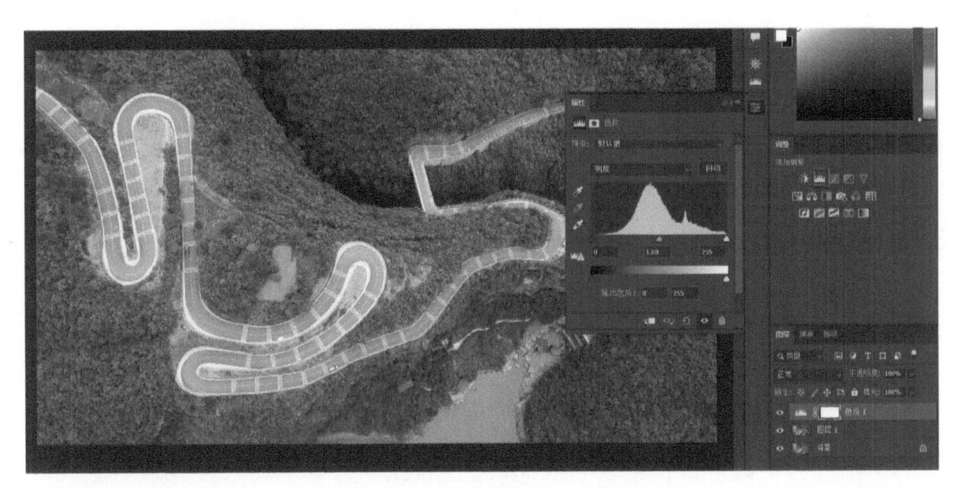

图 36-12

创建曲线蒙版图层，增加对比度，如图 36-13 所示。

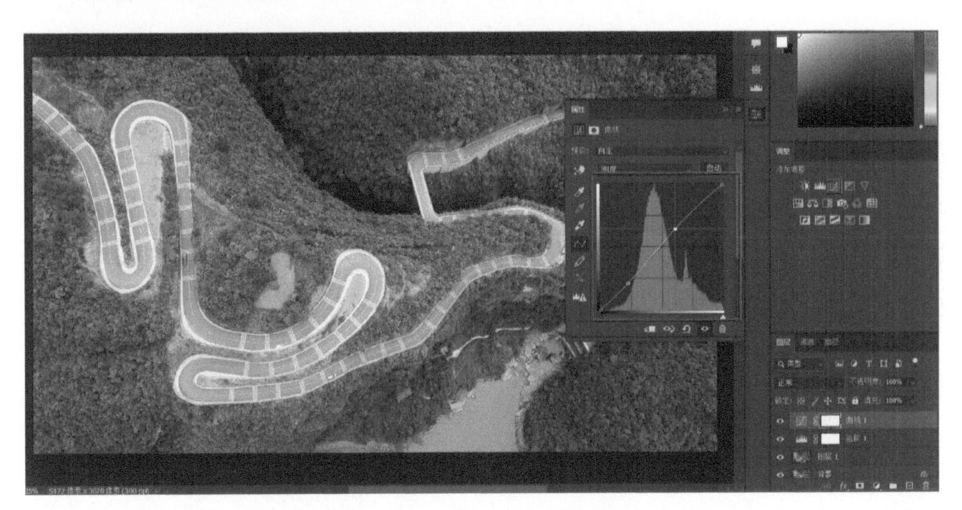

图 36-13

创建色相 / 饱和度蒙版图层，调整色相和饱和度，如图 36-14 所示。

图 36-14

选择仿制图章工具，按住 Alt 键进行取样，对照片的细节进行处理，如图 36-15 所示。

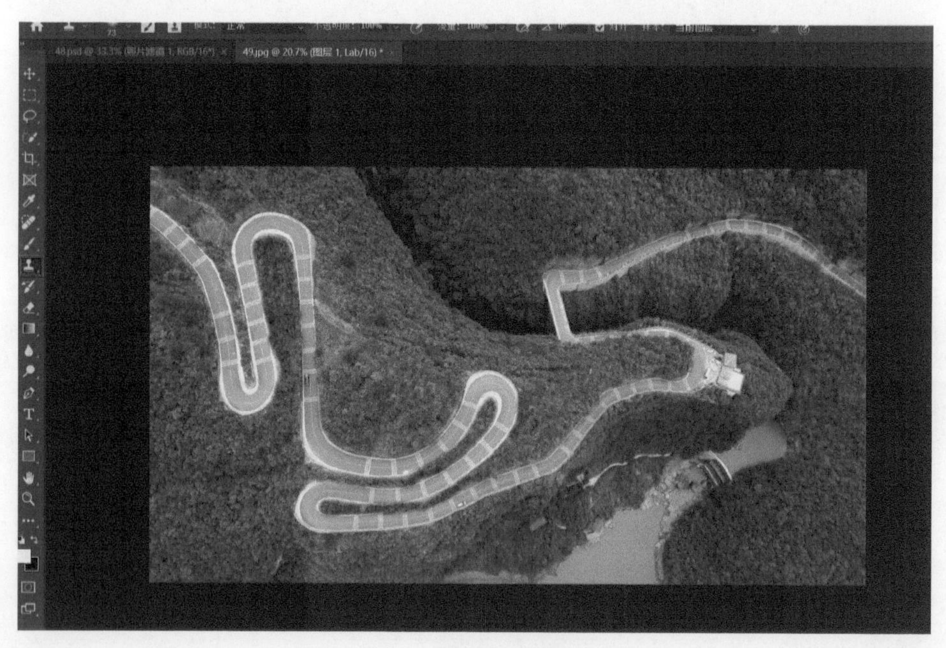

图 36-15

第 37 章　打造淡雅冷色调

本章我们讲解如何将照片渲染成淡雅冷色调，照片调整前后的效果对比如图 37-1 和图 37-2 所示。

图 37-1

图 37-2

37.1 调整影调和色调

将照片导入 Camera Raw 中，如图 37-3 所示，然后单击“自动”，调整“曝光”“高光”“阴影”“白色”“黑色”参数来突出照片的细节，如图 37-4 所示。

图 37-3

图 37-4

单击蒙版，选择“线性渐变”，根据需要拉出多个渐变，调节“曝光”的值，如图 37-5 所示，将暗部提亮。

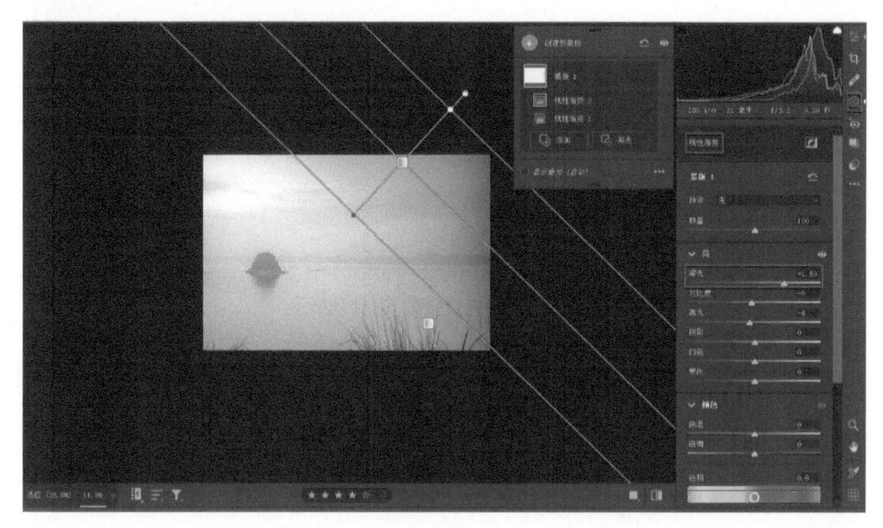

图 37-5

单击鼠标右键，选择“符合视图大小”命令，回到正常视图大小，然后调节“色调”“色温”“饱和度”“自然饱和度”参数，如图 37-6 所示。展开“曲线”面板，通过降低暗调、增加亮调来调整暗部的细节，如图 37-7 所示。

图 37-6

图 37-7

放大照片可以看到有噪点，展开“细节”面板，增大“减少杂色”和“蒙版”的值，“半径”的值一般控制在 1.0 左右，如图 37-8 所示。单点击鼠标右键，选择“符合视图大小”命令，回到正常视图大小。

图 37-8

37.2 添加“水下”照片滤镜

单击右下角的“打开”按钮，将这张照片导入 Photoshop 中，然后创建一个照片滤镜蒙版图层，“滤镜”选择 Underwater，如图 37-9 所示，这时我们就可以看到整张照片被附上了一层淡淡的青绿色。合并可见图层，按 Ctrl+J 组合键复制合并的图层。

图 37-9

37.3 高斯模糊的运用

单击“滤镜”菜单，选择“模糊”—“高斯模糊”命令，如图 37-10 所示，将“半径”调节到合适的大小，然后单击“确定”按钮。把混合模式改为“柔光”，如图 37-11 所示，合并可见图层。

图 37-10

图 37-11

单击菜单栏中的“滤镜”，选择“Camera Raw 滤镜”命令，如图 37-12 所示。展开“混色器”面板，“调整”选择“HSL”，然后分别单击“饱和度”和“色相”将蓝色减弱，如图 37-13 所示。展开“曲线”面板，通过调节亮调和暗调的参数值来增加对比度，最后单击“确定”按钮，将照片进行保存。

图 37-12

图 37-13

将照片导回 Photoshop 中，按 Ctrl+J 组合键复制一个图层，然后选择裁剪工具，单击鼠标右键并选择“1∶1（方形）”命令，如图 37-14 所示。选择矩形选框工具，用矩形选框圈出选区，按 Ctrl+T 组合键，对照片进行拉伸，如图 37-15 所示。按 Enter 键保存效果，按 Ctrl+H 组合键将选区取消。最后，将照片保存。

图 37-14

图 37-15

第 38 章　制作云雾缭绕效果

本章讲解如何把照片营造出云雾缭绕的氛围，照片调整前后的效果对比如图38-1 和图 38-2 所示。

图 38-1

图 38-2

38.1　调整影调和色调

将照片导入 Camera Raw，如图 38-3 所示。因为远山的色彩太跳跃，所以展开“混色器”面板，“调整”选择“HSL”，在“饱和度”中对蓝色进行减弱，浅绿色也可以做适当的减弱，如图 38-4 所示。单击“色相”，对蓝色和浅绿色进行增强，如图 38-5 所示。

图 38-3

图 38-4

图 38-5

展开“基本”面板，对于阴影和白色部分，我们可以做适当的提亮，对纹理进行增加，然后调整色温和色调，减少红色，将饱和度适当降低，如图 38-6 所示。

图 38-6

38.2　“平均”滤镜

单击 Camera Raw 右下角的“打开”按钮，将照片导入 Photoshop 中。首先按 Ctrl+J 组合键复制图层，然后在菜单栏中单击“滤镜”，选择“模糊”—“平均”命令，如图 38-7 所示，“平均”命令用于计算出照片的平均色彩然后用该色彩填充图层。

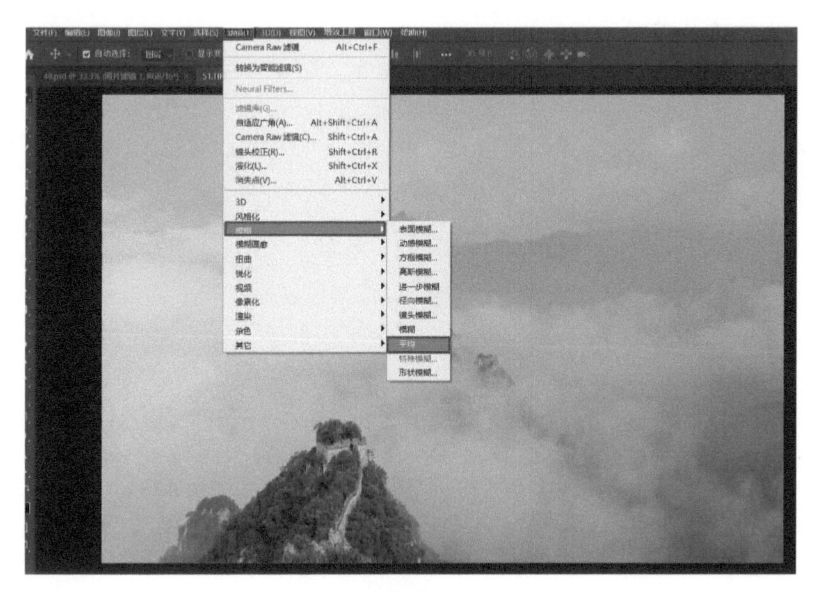

图 38-7

38.3 分层云彩

创建一个蒙版，然后选中蒙版，单击菜单栏中的“滤镜”，选择“渲染”—“分层云彩”命令，如图 38-8 所示。这时候我们就可以看到图层被附着上“分层云彩”滤镜（按住 Alt 键的同时单击这个蒙版，就可以进行查看）。

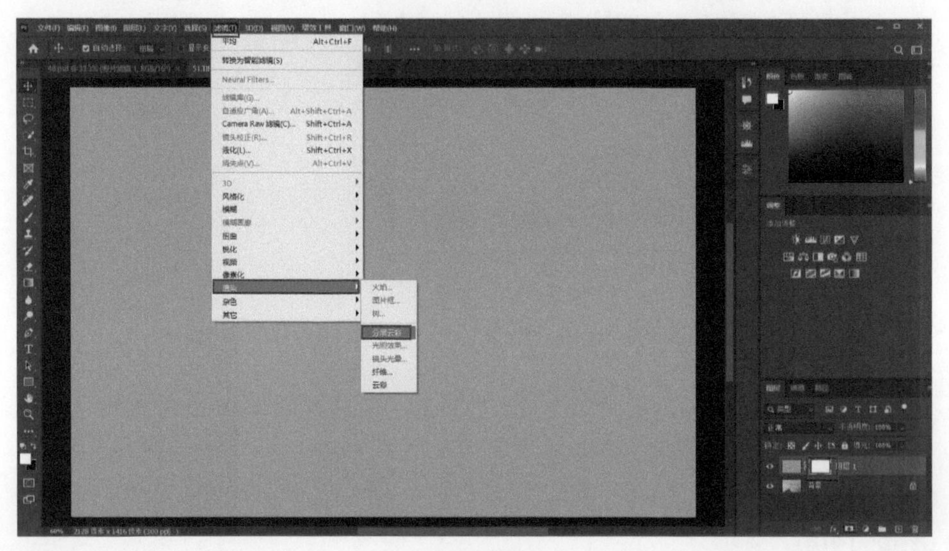

图 38-8

创建一个曲线蒙版图层，然后按住 Alt 键，将鼠标指针放在曲线 1 与图层 1 两个图层之间，会出现一个向下的箭头，如图 38-9 所示。这时候我们就可以对图层进行提亮，并且只针对曲线蒙版下面的图层。然后单击分层云彩蒙版，选择前景色为黑色，选择渐变工具，选择从前景色到背景色的渐变，选择“径向渐变”，将“不透明度”设为 20% ～ 30%，如图 38-10 所示。擦拭需要的部分，强调一下主体，如果觉得薄的效果还不够，可以继续复制平均模糊的图层。

图 38-9

图 38-10

选取任意一个图层，单击鼠标右键，选择“合并可见图层”。然后单击菜单栏中的“滤镜”，选择“Camera Raw 滤镜”命令，将照片导入 Camera Raw 中。展开“曲线”面板，将暗部压暗一点，增大一点对比度，使整张照片更通透，如图 38-11 所示。

图 38-11

回到“基本”面板，对纹理进行适当增加，让主体部分更加清晰，然后调节色温和色调，让照片偏蓝，追加一点自然饱和度，饱和度减弱一点，如图 38-12 所示。最后，单击“确定”按钮，将图片保存。

图 38-12

第 39 章 制作静谧天空效果

本章讲解如何调整天空风景照片，照片调整前后的效果对比如图 39-1 和图 39-2 所示。

图 39-1

图 39-2

39.1 调整影调和色调

将照片导入 Camera Raw，如图 39-3 所示。单击“自动”，适当调节对比度，然后调低一点高光，并将色温往蓝色调，可以看到照片形成很明显的冷暖对比，色调上减少一点绿色，如图 39-4 所示。

图 39-3

图 39-4

展开“曲线”面板，对亮调和暗调做适当的调整，如图 39-5 所示。回到“基本”面板，对纹理和清晰度做适度的调整，影调和色调的初步调整就完成了。将照片放大，因为是傍晚拍的照片，所以噪点还是比较多，展开“细节”面板，追加明亮度，同时增加一些蒙版，如图 39-6 所示。

图 39-5

图 39-6

39.2　动感模糊的运用

单击 Camera Raw 右下角的“打开”按钮，将照片导入 Photoshop 中。首先按 Ctrl+J 组合键复制图层，然后单击菜单栏中的“滤镜”，选择“模糊”—“动感模糊”命令，如图 39-7 所示。调节“距离”和“角度”参数，如图 39-8 所示，然后单击“确定”按钮。

图 39-7

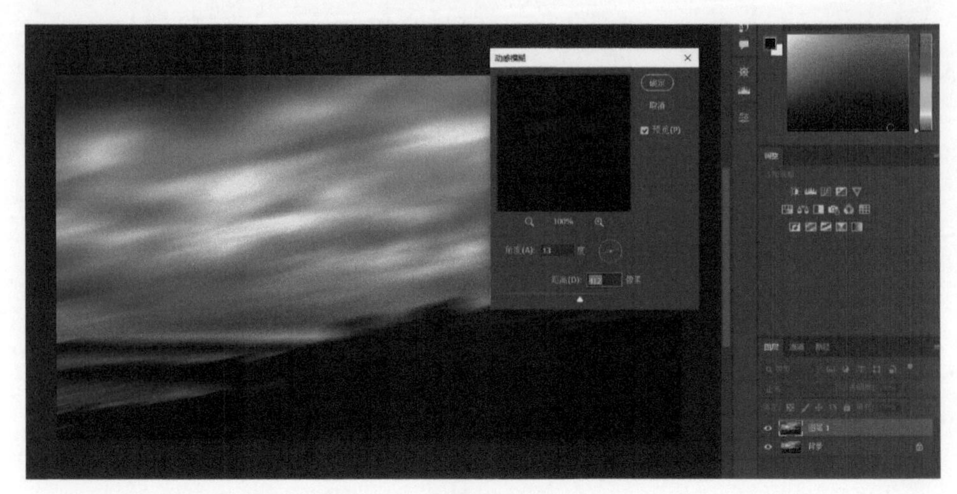

图 39-8

我们可以看到有两个图层，一个是动感模糊图层，一个是背景图层。在动感模糊图层上追加高斯模糊，如图 39-9 所示，调节“半径”参数，使云更加柔和。

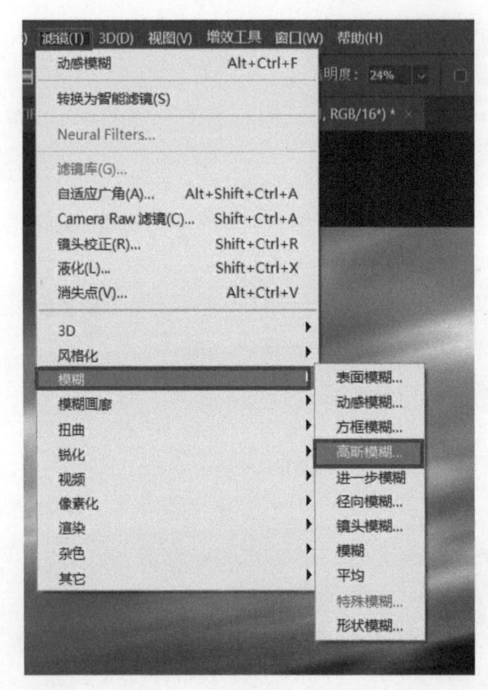

图 39-9

接下来，在动感模糊图层上添加一个蒙版图层，然后将主体部分擦拭出来。将前景色设为黑色，选择渐变工具，应用线性渐变，如图 39-10 所示，通过矩形渐变可以得到虚实对比的效果。用径向渐变配合 X 键不停地切换前景色，如图 39-11 所示，将擦拭太过而没有动感模糊效果的部分恢复回来。这样就做出了动静结合、冷暖对比的效果。

图 39-10

图 39-11

切换至“通道”面板，按住 Ctrl 键的同时单击红色通道，得到高光的选区，如图 39-12 所示。单击 RGB 通道，照片回到原来的颜色。单击“图层”，回到“图层”面板。创建一个曲线蒙版图层，选择“蓝”，将蓝色最高光的部分往下压，如图 39-13 所示。这时候照片去除了蓝色，高光的部分会得到黄色，选择“红”，调整高光阴影，然后选择“绿”，根据实际情况进行调整。

图 39-12

图 39-13

如果发现照片有的部分颜色太重，可以将前景色设为黑色，然后选择画笔工具，如图 39-14 所示，在蒙版上将最红的这一块擦拭回来一点。如果觉得高光的部分不够红，可以按 Ctrl+J 组合键复制图层，通过调整“透明度”和“填充”去调节整个高光部分的红色。

图 39-14

选取任意一个图层，单击鼠标右键并选择“合并可见图层”命令，然后打开 Camera Raw，追加一些对比度，高光调弱一点，阴影加深一点，清晰度降低一点，如图 39-15 所示。展开“曲线”面板，调整中间调的对比度，如图 39-16 所示。

图 39-15

图 39-16

单击“确定”按钮，回到 Photoshop 中，发现照片下部有一些杂乱。按 Ctrl+J 组合键复制一个图层，按 Ctrl+T 组合键进行自由变换，单击鼠标右键并选择“变形”命令，如图 39-17 所示，然后拖动顶点进行拉伸变形，就可以将照片下部杂乱的部分去除掉，最后将照片保存。

图 39-17

第 40 章　质感提炼技巧

本章讲解如何应用 Photoshop 矫正照片，并且将照片的肌理、质感、色彩都提炼出来。质感提炼前后的效果对比如图 40-1 和图 40-2 所示。

图 40-1

图 40-2

40.1　调整影调和色调

将照片导入 Camera Raw 中，单击“自动”，适当调整对比度，高光压低一点，阴影加深一点，如图 40-3 所示。展开“曲线”面板，对中间调的对比度做适当的加强，如图 40-4 所示。展开“基本”面板，追加一些纹理和清晰度，如图 40-5 所示。这样就完成了对照片的初步调整。

图 40-3

图 40-4

图 40-5

观察这张照片，我们会发现照片整体偏黄，山体的细节没有体现出来。我们可以调节色温让画面整体偏蓝，这样照片整体的质感就可以体现出来，山体的颜色也会更加丰富。

40.2 渐变滤镜的使用

对于前景部分，我们发现色调还不是特别协调，可以单击蒙版，选择线性渐变，拉一个渐变，如图 40-6 所示。在使用渐变滤镜的时候要注意，一般都是将画面缩小（按 Ctrl+- 组合键），将滤镜的应用范围拖到画面以外，使位于画面中的部分基本上不超过 50%，这样过渡会相对比较自然。调节“色温”参数，按 Ctrl++ 组合键放大前景，这时图片前景和整体的颜色就相对统一了。最后将画面恢复到原来的大小就可以了。

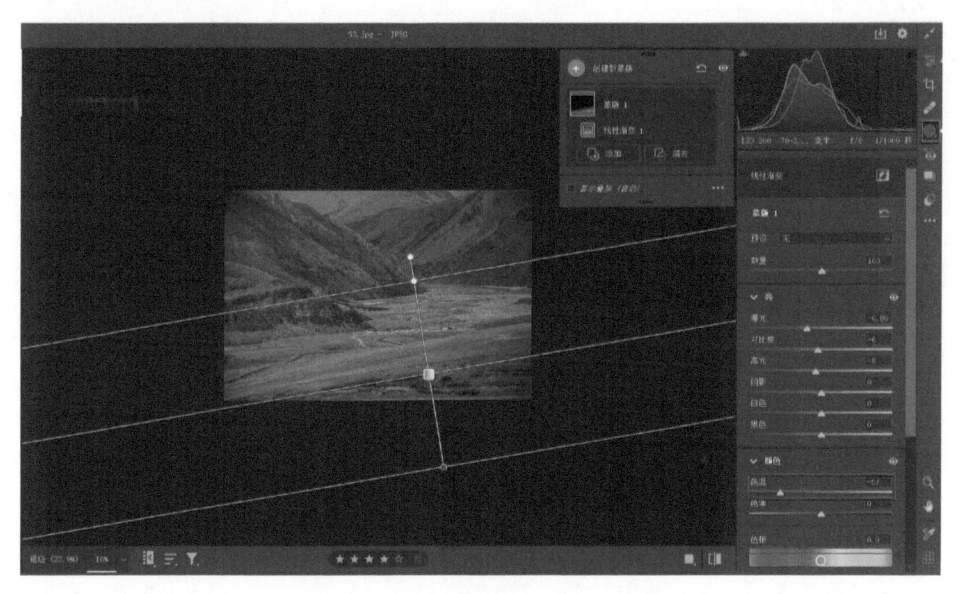

图 40-6

单击右下方的“打开”按钮，将照片导入 Photoshop 中。选择套索工具，画出区域，如图 40-7 所示。然后创建一个曲线蒙版图层，对刚才做的选区进行适当的提亮，在 RGB 中可以将颜色调暖一点，如图 40-8 所示。

图 40-7

图 40-8

单击蒙版，对蒙版进行羽化，如图 40-9 所示，这时我们就可以看到光影有了一些变化，但是还不够明显。按住 Ctrl 键的同时单击曲线图层的蒙版，这时我们刚才做的选区就会被重新载入，如图 40-10 所示，按 Ctrl+Shift+I 组合键反选选区，再创建一个曲线蒙版图层，对选区进行适当的压暗，如图 40-11 所示，照片的光影变化更加明显。

图 40-9

图 40-10

图 40-11

这张照片除了四周的山体以外，房屋也是很重要的画面元素。如果想使房屋附着上一种暖色调，与周围的冷色调形成对比，使房屋更加突出。可以建立一个新的图层，单击前景色，选择一个暖色调，如图 40-12 所示，然后单击“确定”按钮。

图 40-12

接下来单击画笔工具，按 Ctrl++ 组合键对画布进行适当的放大，“流量”控制在 20% ～ 30%，“不透明度”设置为 52%，如图 40-13 所示，然后用画笔工具进行涂抹。完成后将所有可见图层合并。

图 40-13

按 Ctrl+J 组合键复制合并得到的图层，按 Ctrl+T 组合键进行自由变换，接下来按住 Ctrl 键配合鼠标对照片进行适当的拉伸，如图 40-14 所示，最后按 Enter 键确认。

图 40-14

将照片导回 Camera Raw 中，对整体影调和色调再进行适当的调整，然后单击“确定”按钮，将图片进行保存。

第 41 章　打造青橙色调

本章讲解如何将照片渲染成青橙色调，照片调整前后的效果对比如图 41-1 和图 41-2 所示。

图 41-1

图 41-2

41.1　调整影调和色调

将照片素材导入 Camera Raw 中，如图 41-3 所示。单击“自动”，将高光适当减弱，阴影适当加深，整体的色调应该偏冷，色温上增加一些绿色，如图 41-4 所示。

图 41-3

图 41-4

要在 Camera Raw 中将人物主体突出，就要把周围的环境压暗。单击蒙版，选择径向渐变，如图 41-5 所示。拖曳圆点可以对圆形进行适当的调整，拖曳圆形中间的点可以移动圆形。

图 41-5

我们的目的是将环境压暗，选择反相蒙版，降低曝光，对高光做适当的减弱，然后增加一些阴影，为了提高对比度，色调可以增加一些，形成冷暖的对比，将色温往绿色调整，如图 41-6 所示。回到“基本”面板，影调跟色调的调整至此结束。

图 41-6

41.2 可选颜色的运用

单击 Camera Raw 右下方的“打开”按钮，将图片导入 Photoshop 中。首先来认识一个工具，叫作可选颜色，如图 41-7 所示。照片在 Camera Raw 中处理完之后，色彩就相对比较统一了，比如说人物肤色以红色为主，衣服基本上是蓝色的，色块比较清晰。但是蓝色太重了，所以我们应用可选颜色来处理。先选择“蓝色”，然后通过减少洋红来增加绿色，从而使蓝色减弱，如图 41-8 所示。如果增加黑色，可以让照片变得更暗；如果减少黑色，可以让照片变得更亮。因为蓝色不是主体，所以让它暗一点。通过调整，我们可以看到衣服的颜色——蓝色减轻了，整体画面更加和谐了。

图 41-7

图 41-8

但是烟雾的颜色变成青色了，这不是我们想要的效果。单击可选颜色这个图层的蒙版，按 X 键将背景色切换成黑色，然后选择画笔工具，“不透明度”和“流量”均设置为 30% 左右，如图 41-9 所示，通过画笔工具的擦拭将烟雾的颜色还原。

图 41-9

接下来处理面部的红色，再创建一个可选颜色图层，“颜色”选择“红色”，增加洋红会使面部更红，所以减少一些洋红，增加一些黑色，让面部的颜色暗一点，这样更有厚重感，能更好地表现面部的质感，如图 41-10 所示。

图 41-10

现在面部的颜色就不那么红了，但是饱和度还是比较高，所以创建一个色相/饱和度图层，选择“红色”，将饱和度降低一点，如图 41-11 所示。

图 41-11

可以看到照片中的绿色有点跳跃，选择“绿色”（如果不能判断具体是什么颜色，可以单击手指图标，会出现一个吸管，在图片上吸取一下，会自动选择颜色），如图 41-12 所示。对饱和度做适当的减弱，明度做适当的压暗。右击任意图层，选择“合并可见图层”命令，将所有图层进行合并。

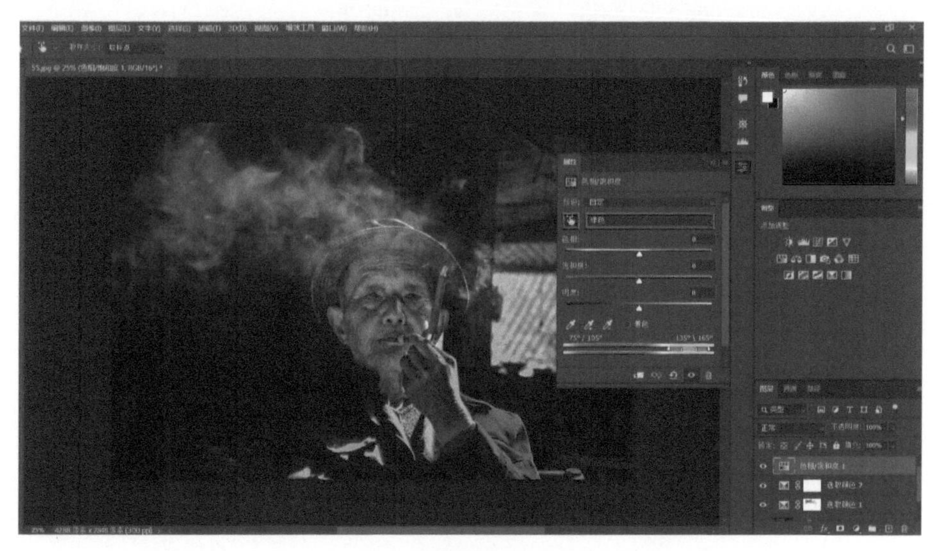

图 41-12

将照片导回 Camera Raw 中，将对比度适当增强，让照片的氛围更浓郁、更厚重。因为增加对比度会使饱和度增高，所以我们对饱和度做适当的减弱，自然饱和度可以追加一点，如图 41-13 所示。

图 41-13

放大照片可以发现有噪点，展开“细节”面板，提高“减少杂色”和“蒙版”的值，如图 41-14 所示，以减少噪点。为了强调边缘，“纹理”可以增加一点，然后单击“确定”按钮，将照片导回 Photoshop 中，按 Ctrl+J 组合键复制图层，选择“滤镜”—“其它”—“高反差保留”命令，如图 41-15 所示，“半径”一般设置为 1.0 像素，然后单击“确定”按钮。将混合模式改为“叠加”或者“柔光”，如图 41-16 所示，如果觉得边缘强调得不够，可以继续复制图层进行处理。最后合并图层。

图 41-14

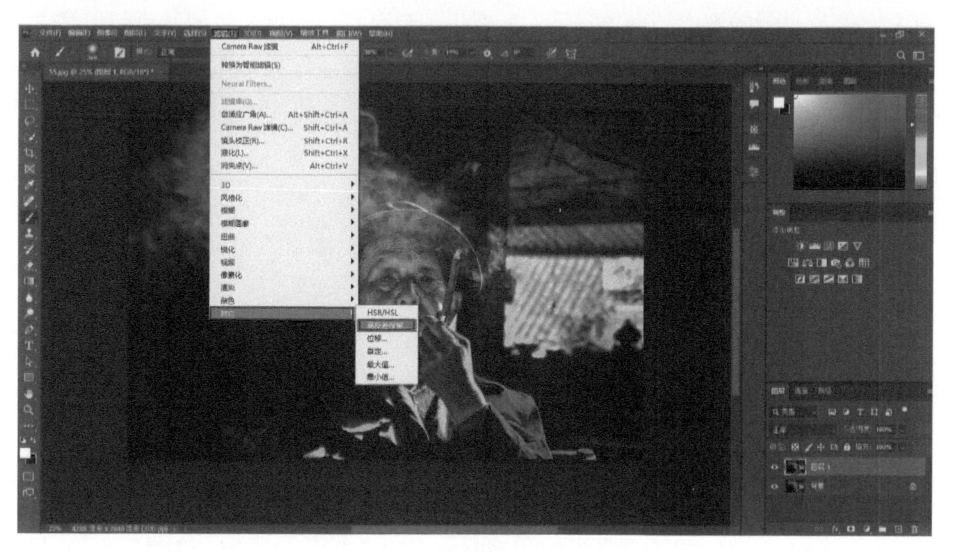
Camera Raw 滤镜 Alt+Ctrl+F
转换为智能滤镜(S)
Neural Filters...
自适应广角(A)... Alt+Shift+Ctrl+A
Camera Raw 滤镜(C)... Shift+Ctrl+A
镜头校正(R)... Shift+Ctrl+R
液化(L)... Shift+Ctrl+X
消失点(V)... Alt+Ctrl+V
3D
风格化
锐化
像素化
HSB/HSL
位移...
最大值...
最小值...

图 41-15

图 41-16

对照片上的亮点做一些处理。选择污点修复画笔工具，如图 41-17 所示，在照片上高光过强的地方稍微擦一下，就可以去掉亮点。最后，将照片进行保存。

图 41-17

第 42 章　灰调调色技巧

本章讲解如何将照片调成色彩相近、影调偏灰的效果，照片调整前后的效果对比如图 42-1 和图 42-2 所示。

图 42-1

图 42-2

将照片导入 Camera Raw 中，选择“自动”模式，降低对比度，高光和白色做适当的减弱，增加阴影，然后降低去除薄雾和清晰度，这时照片就会呈现出一种灰调。此外，要增加纹理，这会使石头的质感更好，饱和度可以适当降低，如图 42-3 所示。

图 42-3

展开“混色器”面板，“调整”选择“HSL”，H指的是色相，S指的是饱和度，L指的是明亮度。照片的基调是黄灰色，通过HSL先将所有的色彩往黄色和橙色的方向去调，减弱绿色和浅绿色，可以观察到原来画面上的绿色开始偏黄色了。单击“饱和度”，将绿色和浅绿色的饱和度做适当的减弱，红色和黄色也做一定的减弱。如果觉得绿色的叶子这部分需要强调，想让它更有层次感，可以单击“明亮度”，对绿色和浅绿色做适当的调整，如图42-4所示。

图 42-4

回到“基本”面板，对影调做一些调整。最后保存照片。